마 마 케 이
스 타 일

빈티지
자수

마마케이
스타일

빈티지
자수

강문숙 지음

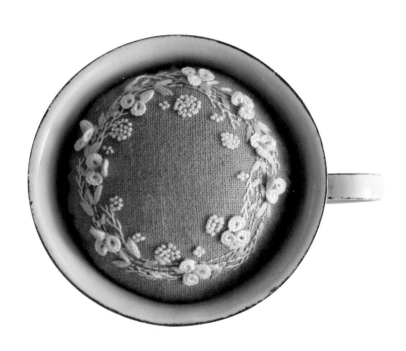

팜파스

일상의 이미지를 빛바랜 사진 들춰보듯
올드하지만 정감 있는 색감과 작은 이야기들이
쏟아질 듯한 이미지들로 이 책을 가득 채웠습니다.

무료한 일상에서 끄적끄적 그려뒀던 이미지들이
한 장, 두 장 모여서
추억을 기록하는 자수를 만들었습니다.
내가 기록하고 있는 자수가 때로는 설레고 위로가 되며
함께 즐길 수 있다면
이보다 더 큰 감사가 또 있을까 싶습니다.
이 책을 보며
책갈피 속에서 우연히 발견한 사진 한 장처럼
추억을 기록하는 자수로
보는 내내 즐겁고 행복하시길 바랍니다.

Contents_

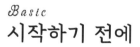

～※～ Part 2 ～※～

MY BELONGINGS

플라워 가든 파우치 • 121

그린 린넨 에코백 • 133

꿀벌 동전 지갑 • 139

꿀벌 미니백 • 147

닥터백 여행 • 155

빈티지 플라워 손수건 • 165

Part 3

AROUND CHRISTMAS

크리스마스 오르골 • 173

크리스마스 레터링 액자 • 179

크리스마스 캔버스 액자 • 183

노엘 손수건 • 193

시작하기 전에

자수에 필요한 재료와 도구

수틀
원단을 팽팽하게 고정해주는 역할을 합니다. 원단이 느슨해지면 수의 땀 또한 느슨해져서 깔끔한 자수를 완성하기 어렵습니다. 수틀은 15~20cm 미만의 사이즈를 사용하는 것이 손에 무리가 덜 갑니다.

DMC 25번사
면 자수실로 가장 많이 쓰이는 실입니다. 적당한 길이로 잘라 꼬여 있는 6가닥의 실을 한 올씩 뽑아 사용합니다.

핀 쿠션과 핀
핀 쿠션은 바늘과 핀을 꽂아놓을 때 사용합니다. 핀은 도안을 옮길 때 원단과 먹지, 트레이싱지를 함께 고정할 때 사용합니다.

자수 전용 가위
실의 매듭을 끊을 때 사용합니다.

원단
원단의 종류가 많아서 다양하게 활용되고 있으나 입문자들에게는 광목, 린넨, 무명이 수놓기 적합합니다. 색상이 너무 강한 원단이거나 원단의 조직이 너무 성기면 수놓기 어려울 뿐만 아니라 실 색상 선택에도 어려움이 있습니다.

철필
도안을 원단에 옮겨 그릴 때 철필을 사용하여 그립니다.

수성펜 & 열펜
- 수성펜 : 원단에 수성펜으로 그려놓은 도안을 수정할 때 물을 분무하면 도안이 지워집니다.
- 열펜 : 원단에 열펜으로 그려놓은 도안을 수정할 때 열 다리미로 수정 부분을 다림질하면 도안이 지워집니다.

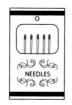

자수바늘
실 굵기와 가닥 수에 따라 다양하게 사용할 수 있습니다. 이 책에서는 DMC 25번사를 1~2가닥 사용할 때 8호를 사용했습니다.

MK울사
마마케이 프랑스 자수에서 제작한 실로 덴마크 꽃실과 애플톤 울사의 중간 굵기이며, 면사와는 달리 따뜻하고 포근한 느낌의 울사입니다. 마마케이 공방과 마마케이 온라인 쇼핑몰(https://smartstore.naver.com/mamak)에서 구입이 가능합니다.

보빈
면사나 울사를 사용할 때는 엉키기 쉬우므로 보빈에 감아 번호를 적어두면 정리하기 쉽습니다.

원단 재단 가위
원단을 자를 때 원단 전용 가위를 사용합니다.

먹지 & 트레이싱지
원단에 도안을 옮겨 그릴 때 사용합니다. 원단 위에 먹지를 올리고 그 위에 도안이 그려진 트레이싱지를 올린 후 핀으로 모두 고정해주세요. 철핀으로 그려져 있는 도안을 따라 눌러 그려줍니다.

자수의 기초

ᴄ 도안 옮기기 ᴅ

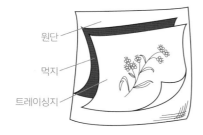

원단
먹지
트레이싱지

1. 원단 → 먹지 → 트레이싱지 순서로 올려
주세요.

2. 원단, 먹지, 트레이싱지가 움직이지 않도
록 핀으로 함께 고정해주세요.

3. 철필을 사용하여 트레이싱지에 그려진
도안을 따라 그려주세요.

4. 도안을 옮겨 그린 후 트레이싱지와 먹지
는 빼주세요.

❧ 수틀 사용법 ❧

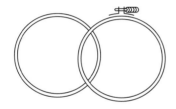

1. 수틀의 나사를 풀어서 안쪽 수틀과 바깥 수틀을 분리해주세요.

2. 안쪽 작은 수틀 위에 원단을 올리고 원단 위에 나사가 달린 바깥 수틀을 올려서 원단을 끼웁니다.

3. 원단의 짜임이 틀어지지 않도록 주의하며 원단의 가장자리를 팽팽하게 당긴 후 나사를 조여주세요.

～ 실 사용법 ～

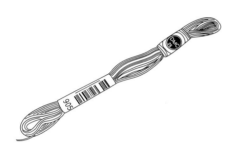

1. DMC 25번사(면실)를 준비해주세요.

2. 실을 살짝 당겨 60cm 길이로 잘라주세요.

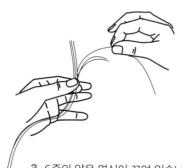

3. 6줄의 얇은 면실이 꼬여 있습니다. 꼬여 있는 실을 필요한 가닥 수만큼 1줄씩 뽑아 주세요. 꼬임이 있기 때문에 여러 가닥을 뽑을 경우 실이 엉키기 쉽습니다.

4. 정리된 실을 바늘구멍에 꽂아주세요.

∽ 실 매듭짓기 ∾

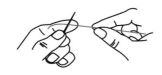

1. 바늘귀를 통과한 실의 끝부분을 왼쪽 검지 위에 올려주세요.

2. 실 위에 바늘을 올려놓고 밑의 실을 바늘에 2회 감아주세요.

3. 감은 실을 왼손 엄지와 검지로 살짝 누른 후 바늘만 위로 빼주세요.

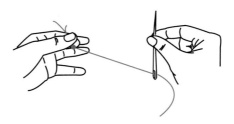

4. 실을 끝까지 당겨주면 2회 감은 위치에 매듭이 완성됩니다.

❦ 공그르기 ❧

아플리케 하기

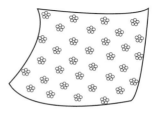

1. 예쁜 꽃무늬 원단을 활용하여 공그르기로 아플리케를 합니다.

2. 아플리케 할 원단이 너무 두꺼우면 공그르기 하기가 쉽지 않기 때문에 30~40수의 면이 적당합니다.

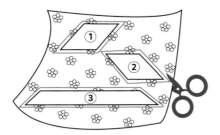

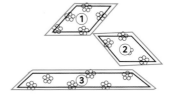

3. 먼저 아플리케 할 모양의 본을 떠주세요 (트레이싱지와 먹지 활용). 아플리케 할 원단의 시접(0.5cm)을 포함하여 가위로 오려주세요.

4. 아플리케 할 원단 3장에 번호를 붙여 섞이지 않도록 해주세요.

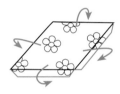

5. 시접 부분을 뒷면으로 접고 다림질해주
세요.

6. 첫 번째 아플리케 할 위치에 꽃무늬 원
단을 대고 핀으로 고정해주세요.

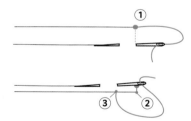

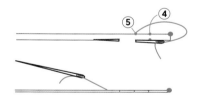

7. 도안이 그려진 원단에서 ① 바늘이 올라
옵니다. ①이 올라온 위치에서 ② 수직 아래
로 꽃무늬 원단을 왼쪽으로 한 땀 떠줍니다.
간격은 0.5mm 미만으로 촘촘히 떠주세요.

8. ③으로 나온 바늘은 ④ 바탕 원단으로
들어간 후 왼쪽 ⑤로 한 땀 떠서 올라옵니
다. 반복적으로 공그르기하며 실을 당겨주
세요.
바탕천과 꽃무늬 원단을 수직으로 공그르
기를 해야 실이 보이지 않고 깔끔하게 아플
리케 됩니다.

ᢏᢏ 캔버스 액자 만드는 법 ᢒᢒ

1. 캔버스 액자 위에 완성한 자수 원단을
올려주세요.

2. 액자 중앙에 수놓은 원단을 팽팽하게 맞
춰놓고 압정으로 고정한 후 액자를 뒤집어
주세요.

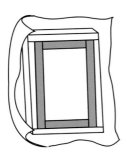

3. 원단을 액자 뒤로 팽팽하게 당겨서 접은
후 압정으로 고정합니다.

4. 고정한 압정을 제거하면서 접은 원단과
캔버스 액자를 함께 타카총으로 단단히 박
아줍니다.

이 책에 사용한 스티치

러닝 스티치
Running Stitch

레이즈드 리프 스티치
Raised Leaf Stitch

레이즈드 스템 스티치
Raised Stem Stitch

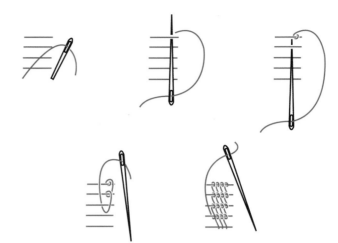

레이지 데이지 스티치
Lazy Daisy Stitch

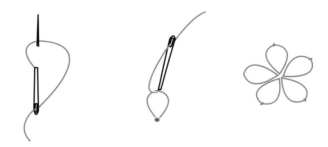

롱 앤드 쇼트 스티치
Long and Short Stitch

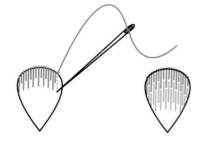

리프 스티치
Leaf Stitch

백 스티치
Back Stitch

버튼홀 레이스 스티치
Buttonhole Lace Stitch

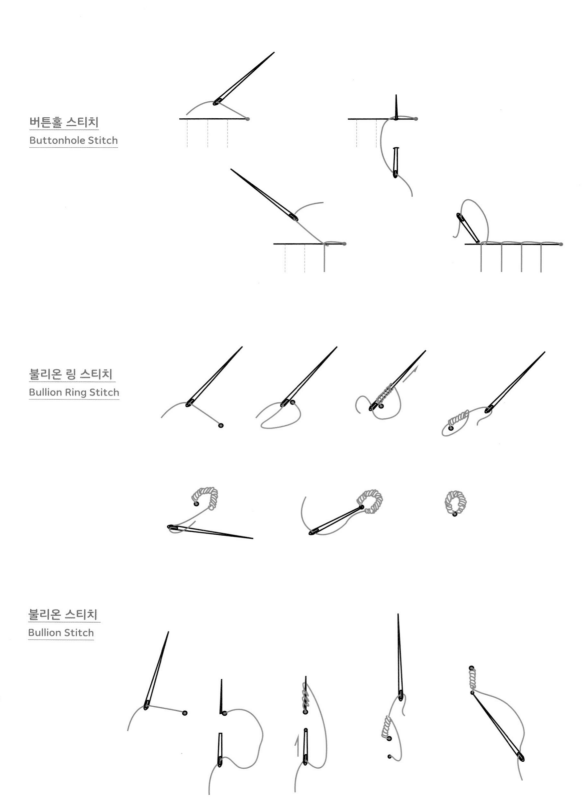

버튼홀 스티치
Buttonhole Stitch

불리온 링 스티치
Bullion Ring Stitch

불리온 스티치
Bullion Stitch

브레이드 스티치
Braid Stitch

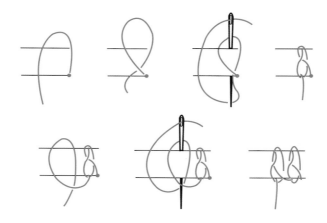

새틴 스티치
Satin Stitch

스미르나 스티치
Smyrna Stitch

스트레이트 스티치
Straight Stitch

아우트라인 스티치
Outline Stitch

와이어 리프 스티치
Wire Leaf Stitch

위빙 스티치
Weaving Stitch

체인 스티치
Chain Stitch

카우치트 트렐리스 스티치
Couched Trellis Stitch

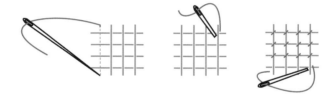

캐스트 온 링 스티치
Cast On Ring Stitch

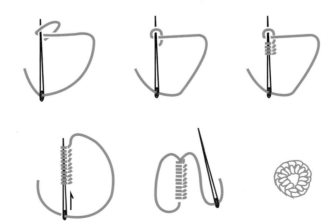

케이블 체인 스티치
Cable Chain Stitch

페더 스티치
Feather Stitch

프렌치 노트 스티치
French knot Stitch

 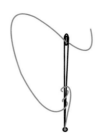

휘프트 체인 스티치
Whipped Chain Stitch

휠 스티치
Wheel Stitch

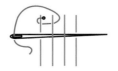

Part 1

IN THE HOUSE

플라워 리본 리스

리스 사이즈 가로 16cm, 세로 5.5cm

How to make

사용한 원단
무명

기타 재료
나무 리스(직경 13cm), 접착 심지, 본드

사용한 실
DMC 25번사 : 165, 444, 550, 642, 720, 731, 760, 801, 869, 905, 966, 3328, 3816, 3839, 3862, ECRU

사용한 스티치
리프 스티치, 아우트라인 스티치, 새틴 스티치, 스트레이트 스티치, 체인 스티치, 프렌치 노트 스티치

수놓기 tip
• 모든 프렌치 노트 스티치는 2가닥으로 1회 돌려 감아주세요.

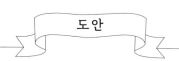

- 사용한 실 명칭을 따로 표기하지 않은 실 번호는 DMC 25번사입니다.
- 도안 설명은 스티치 → 실 번호 → (실의 가닥 수)로 표기했습니다.
  예) 아우트라인s 801(2) : 801번 실 2가닥으로 아우트라인 스티치를 합니다.

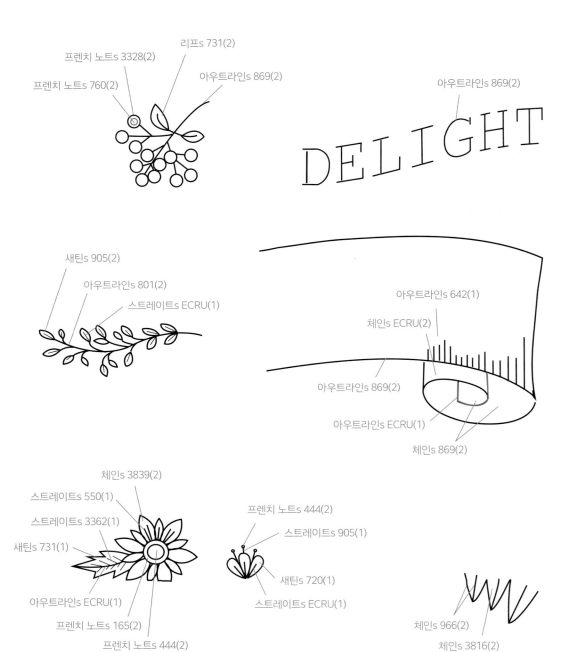

프렌치 노트s 3328(2)

리프s 731(2)

프렌치 노트s 760(2)

아우트라인s 869(2)

아우트라인s 869(2)

DELIGHT

새틴s 905(2)

아우트라인s 801(2)

스트레이트s ECRU(1)

아우트라인s 642(1)

체인s ECRU(2)

아우트라인s 869(2)

아우트라인s ECRU(1)

체인s 869(2)

체인s 3839(2)

스트레이트s 550(1)

스트레이트s 3362(1)

새틴s 731(1)

아우트라인s ECRU(1)

프렌치 노트s 165(2)

프렌치 노트s 444(2)

프렌치 노트s 444(2)

스트레이트s 905(1)

새틴s 720(1)

스트레이트s ECRU(1)

체인s 966(2)

체인s 3816(2)

36

꧁ 플라워 리본 리스 만드는 법 ꧂

접착 심지

1. 완성된 자수 원단 뒷면에 다리미를 사용하여 접착 심지를 눌러 붙여주세요.

2. 심지를 붙인 원단이 빳빳하게 힘이 생기면 수놓인 아웃트라인 테두리 선에 가깝게 리본 모양대로 가위로 잘라주세요. 이때 테두리 선이 잘리지 않도록 조심히 잘라주세요.

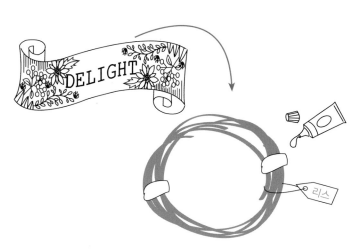

3. 본드를 칠한 나무 리스 위에 재단한 리본 원단을 올려 붙여주세요.

4. 본드가 잘 마른 후 벽에 걸어 예쁘게 장식합니다.

컵 쿠션

도안 사이즈 5cm, 테두리 원 지름 : 15cm
컵 높이 5.5cm, 직경 8cm

How to make

사용한 원단
린넨

기타 재료
솜

사용한 실
DMC 25번사 : 966, 3801, ECRU

사용한 스티치
백 스티치, 새틴 스티치, 캐스트 온 링 스티치, 페더 스
티치, 프렌치 노트 스티치

수놓기 tip

• 모든 프렌치 노트 스티치는 2가닥으로 1회 돌려 감
아주세요.
• 프렌치 노트로 동그란 원을 채울 때 수가 고르게 놓
이지 않아서 울퉁불퉁 원이 삐뚤어질 때가 많은데
요. 이럴 때는 테두리 선을 따라 원을 먼저 수놓고
그 안에 동그랗게 원을 그리며 프렌치 노트 스티치
로 채워주세요.

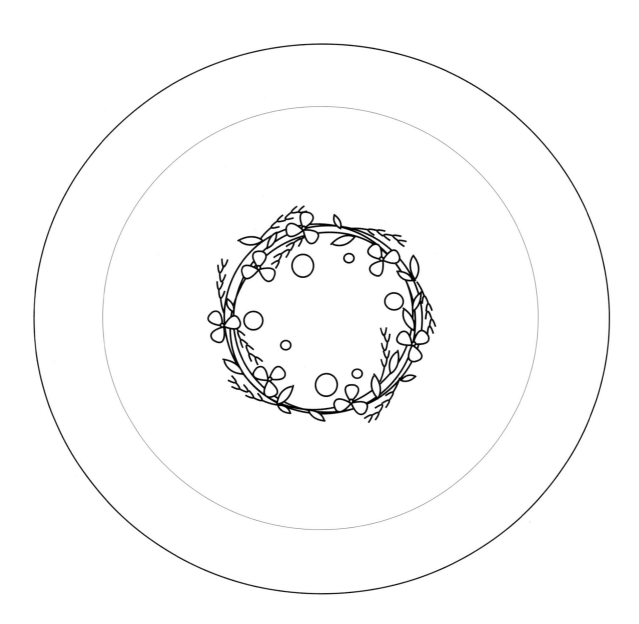

• 사용한 실 명칭을 따로 표기하지 않은 실 번호는 DMC 25번사입니다.

• 도안 설명은 스티치 → 실 번호 → (실의 가닥 수)로 표기했습니다.
  예) 아우트라인s 801(2) : 801번 실 2가닥으로 아우트라인 스티치를 합니다.

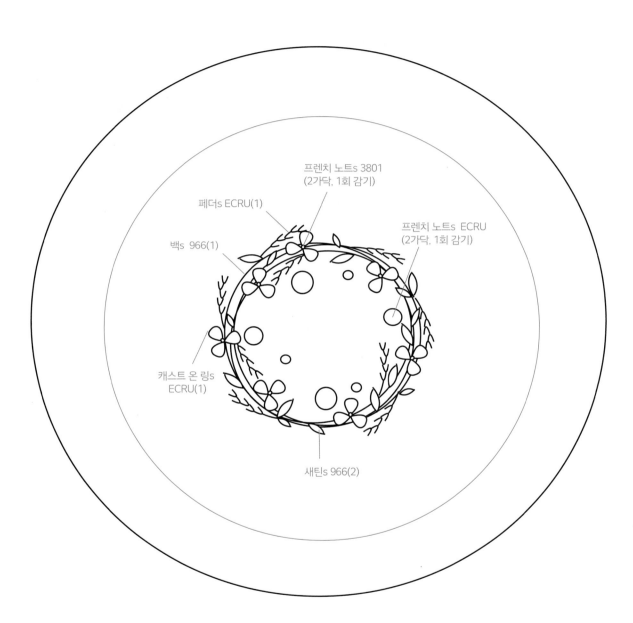

프렌치 노트s 3801
(2가닥, 1회 감기)

페더s ECRU(1)

프렌치 노트s ECRU
(2가닥, 1회 감기)

백s 966(1)

캐스트 온 링s
ECRU(1)

새틴s 966(2)

~ 컵 쿠션 만드는 법 ~

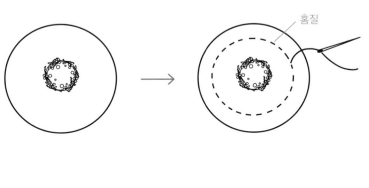

1. 원단 중앙에 자수를 완성한 후 그
림과 같이 중간에 그려진 원을 따라
러닝 스티치를 합니다.

홈질

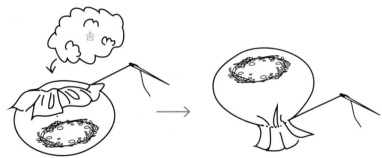

솜

2. 매듭을 짓지 않은 상태로 실을 잡아당긴 후 입구로 솜을 눌러 넣어주세요.
솜을 다 넣은 후 실을 끝까지 잡아당겨 입구를 단단히 꿰매어줍니다.

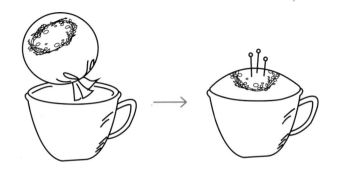

3. 매듭을 지은 후 핀 쿠션을 컵에 넣어 마무리합니
다. 솜을 너무 많이 넣으면 컵 위로 핀 쿠션이 자꾸
올라오기 때문에 컵의 직경보다 핀 쿠션의 크기가
너무 크지 않도록 주의해주세요. 글루건으로 컵 안
에 바른 후 핀 쿠션을 넣어 고정해도 좋습니다.

ene bort fra planten. Frøene er forsy-
net med et lille, saftigt vedhæng, der
er yndet føde for myrer, som indsam-
ler og derved spreder frøene yderli-

dvs. kystklima-yndende plante; hertil
sigter navne som *Havtorn* og *Søtorn,*
hvoraf det første navn dog oftere er
knyttet til helt andre planter.

På denne stedsegrønne busk er de
fleste blade samt grenspidserne om-
dannet til stive, stikkende torne. De
ikke omdannede blade er for det meste
fingrede og forekommer kun på gan-
unge planter samt på meget kraf-
skud.

Kristtorn er S
vildtvoksende st
Det kan under g
der blive indtil 1
kommer oftest m
vækst bl.a. i bøge

Bladene er spr
aguge, blankt me
siden, mat lysegr
Især blade på de
get, kraftig torne
dens blade på gr
ofte er belrande
smaller end de

Blomstringen s
selige, hvide blom
blomstrede stande
er oftest enkenne
på samme træ; o
både hanlige og a
Kristtorn.

Frugterne er 4-
størrelse med ærte
koralrøde og bliv
februar. De spises

Kristtorn er isæ
skattet som dekor
lig grene med fru
Det skal dog ben
frugter, man ser p
torn, der forhand
farvede ærter påsa

Kristtorn kræve
tåler ikke streng
den i Skandinavi
de østjydske skove
kysten. I Sverige,
ryddet, voksede di
er endvidere vildt

로즈 패턴 액자

액자 사이즈 가로 12cm, 세로 16cm

사용한 원단
옥스퍼드, 무명

기타 재료
접착 심지, 본드

사용한 실
DMC 25번사 : 600, 781, 3031, 3362, 3832, 3833

사용한 스티치
아웃라인 스티치, 새틴 스티치, 케이블 스티치

100% 도안 별지

- 사용한 실 명칭을 따로 표기하지 않은 실 번호는 DMC 25번사입니다.
- 도안 설명은 스티치 → 실 번호 → (실의 가닥 수)로 표기했습니다.
  예) 아웃라인s 801(2) : 801번 실 2가닥으로 아웃라인 스티치를 합니다.

새틴s 781(1)

새틴s 781(1)

아우트라인s 781(1)

케이블s 781(3)

아우트라인s 3362(1)

3832

600

3031

600

3832

3832

3833

3832

600

3833

3832

3832

600

3833

3832

3832

600

3031

3832

3832

600

잎 : 새틴s 3362(1)

수놓기 tip

- 모든 꽃잎은 1가닥의 실로 새틴 스티치를 수놓아 주세요.
- 모든 잎은 1가닥의 실로 새틴 스티치를 수놓아주 세요.
- 장미 잎을 새틴 스티치로 수놓을 때 한 방향으로 수를 놓으면 하나의 꽃잎처럼 보일 수 있어서 입 체감이 덜해요. 그렇기 때문에 잎이 하나하나 분 리되어 보이도록 새틴 스티치의 수놓는 방향을 다르게 놓아줍니다.

새틴 스티치 수놓는 방향

⚮ 액자 만드는 법 ⚭

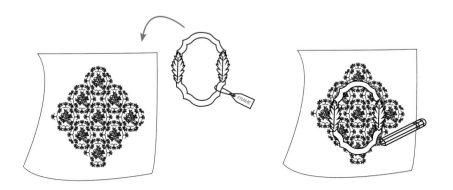

1. 액자 프레임을 도안 중심 위에 올려놓고 액자의 테두리를 따라 그려줍니다.

2. 빨간색 테두리 선 안에 그려진 도안만 전부 수놓고, 원단이 힘을 받을 수 있도록 뒷면에 접착 심지를 붙여주세요(다리미 사용). 심지를 붙인 후 도안에 그려진 빨간색 테두리 선을 따라 가위로 오려주세요.

접착심지

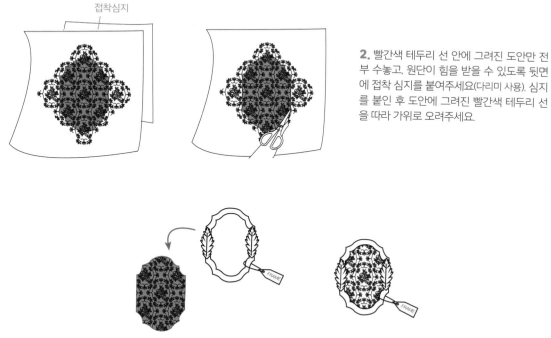

3. 액자 프레임 뒷면에 본드를 붙인 후,
자수 원단 위에 프레임의 모양을 맞춰 고정해주세요.

로즈 북 커버

다이어리 노트 사이즈 가로 11cm, 세로 15cm

사용한 원단

광목

겉감 : 옥스퍼드(진초록)

안감 : 트윌

기타 재료

접착 심지, 북 코너 캡 4개, 본드

사용한 실

DMC 25번사 : 600, 781, 3031, 3362, 3832, 3833

사용한 스티치

아웃라인 스티치, 새틴 스티치, 스트레이트 스티치,
케이블 스티치

- 사용한 실 명칭을 따로 표기하지 않은 실 번호는 DMC 25번사입니다.
- 도안 설명은 스티치 → 실 번호 → (실의 가닥 수)로 표기했습니다.
  예) 아웃라인s 801(2) : 801번 실 2가닥으로 아웃라인 스티치를 합니다.

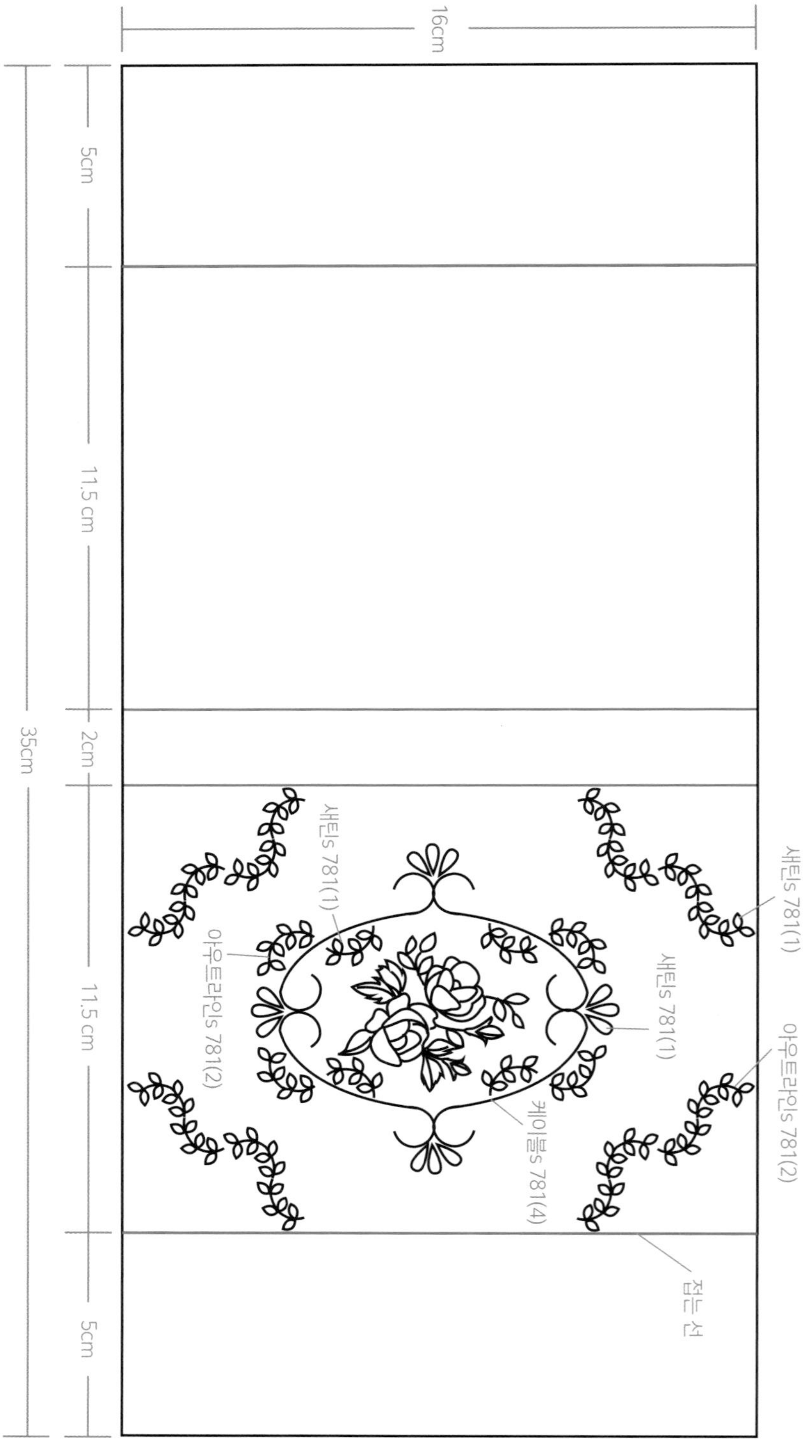
16cm
35cm
5cm
11.5 cm
2cm
11.5 cm
5cm
새틴s 781(1)
아우트라인s 781(2)
새틴s 781(1)
새틴s 781(1)
아우트라인s 781(2)
케이블s 781(4)
접는 선

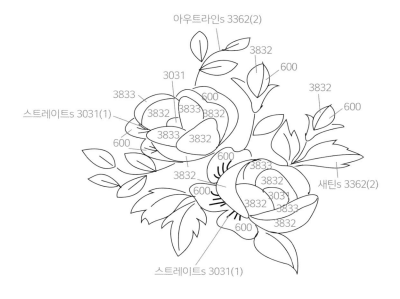

아우트라인s 3362(2)

3832

600

3031

3833

600

3833

3833

600

스트레이트s 3031(1)

3832

3832

600

3833

3832

3832

3833

3832

3832

600

600

새틴s 3362(2)

600

3833

3832

3031

3833

3832

600

스트레이트s 3031(1)

새틴 스티치 수놓는 방향

수놓기 tip

• 모든 꽃잎은 1가닥의 실로 새틴 스티치를 수놓아주세요.

• 모든 잎은 2가닥의 실로 새틴 스티치를 수놓아주세요.

• 장미 잎을 새틴 스티치로 놓을 때 한 방향으로 수를 놓으면 하나의 꽃잎처럼 보일 수 있어서 입체감이 덜해요. 그렇기 때문에 잎이 하나하나 분리되어 보이도록 새틴 스티치의 수놓는 방향을 다르게 놓아줍니다.

❦ 북 커버 만드는 법 ❧

광목 원단

진초록색 옥스퍼드 원단

1. 광목 원단에 북 커버 도안을 옮겨 그려주세요. 진초록색 옥스퍼드 원단은 다이어리 규격에 맞춰 재단한 후 도안을 옮겨주세요. 먼저 광목 원단 위 타원형 안에 그려진 도안을 수놓아주세요.

광목 원단

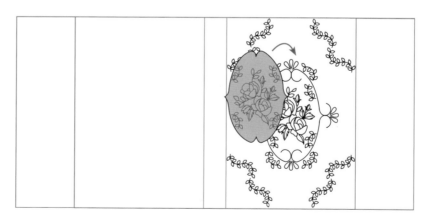

진초록색 옥스퍼드 원단

2. 광목 원단 위, 타원형 안에 그려진 도안을 수놓은 후 타원형 모양을 따라 오려줍니다. 오려낸 원단은 뒷면에 본드칠을 하여 진초록색 원단의 타원형 위치에 맞춰 붙여주세요.

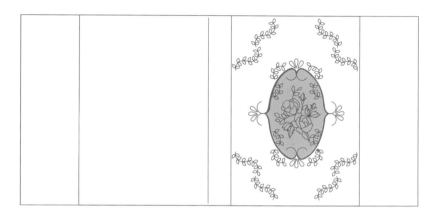

3. 원단을 붙인 테두리의 올이 풀리지 않도록 케이블 스티치로 테두리를 전부 수놓은 후 진초록색 원단 위에 그려진 도안을 수놓아 마무리합니다.

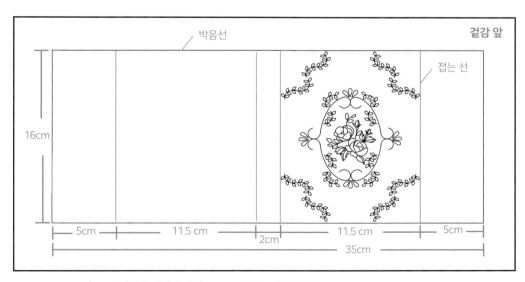

4. 수를 완성한 겉감은 시접을 1cm 남기고 재단합니다.

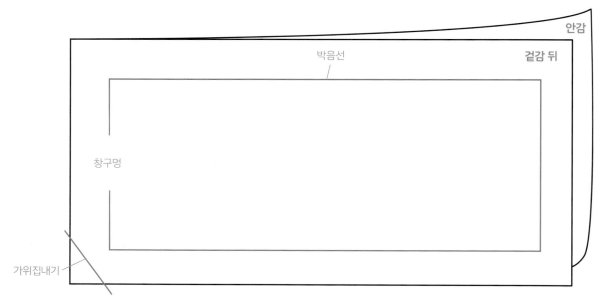

5. 수놓인 겉감 앞면과 안감을 서로 맞대고 창구멍을 제외한 박음선을 따라 박음질합니다. 박음질한 후 모서리 부분에 가위집을 내주세요. 창구멍을 통해 뒤집어 다린 후 창구멍은 공그르기 합니다.

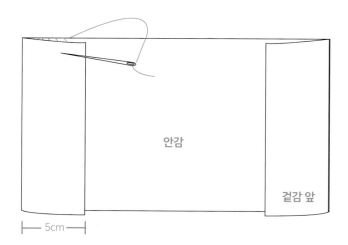

6. 접는 선을 따라 안감 쪽으로 5cm 접은 후 위와 아래 모두 공그르기로 마무리합니다.

마이 키친

캔버스 액자 사이즈 가로 30cm, 세로 20cm

사용한 원단

광목

기타 재료

투명 OHP 필름, 무늬목 시트지, 레이스 원단, 나무 단
추(5개), 스프레이 본드

사용한 실

DMC 25번사 : 169, 310, 350, 355, 367, 597, 610,
613, 645, 680, 760, 801, 869, 900, 905, 924, 935,
3031, 3810, 3826, ECRU

사용한 스티치

레이지 데이지 스티치, 백 스티치, 불리온 스티치, 새
틴 스티치, 스트레이트 스티치, 아웃라인 스티치, 위
빙 스티치, 체인 스티치, 프렌치 노트 스티치

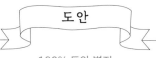
100% 도안 별지

- 사용한 실 명칭을 따로 표기하지 않은 실 번호는 DMC 25번사입니다.
- 도안 설명은 스티치 → 실 번호 → (실의 가닥 수)로 표기했습니다.
  예) 아웃트라인s 801(2) : 801번 실 2가닥으로 아웃트라인 스티치를 합니다.

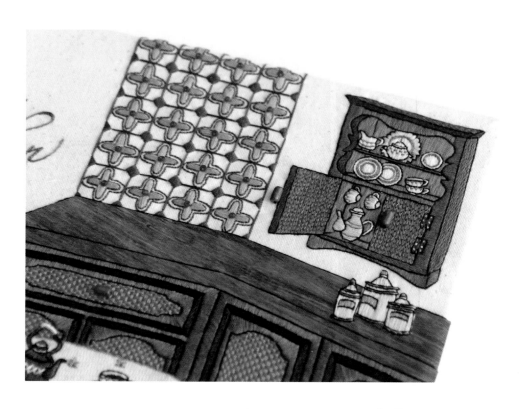

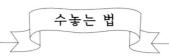

❦ 테이블보 붙이기 ❧

투명 OHP 필름

1. OHP 필름을 이용하여 망사에 테이블보 도안을 옮겨주세요.

2. 망사에 옮겨 그린 테이블보 도안을 가위로 잘라주세요.

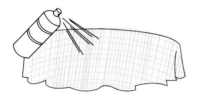

3. 망사 뒷면에 스프레이 본드를 살짝 뿌리고 원단에 그려진 테이블보 위에 잘 맞춰 붙여주세요.

4. 테이블 위에 망사를 붙인 후 그 위에 주전자와 찻잔을 수놓아 완성합니다.

～ 싱크대 무늬목 시트지 붙이기 ～

1. OHP 필름 한 장을 준비해서 싱크대 상판을 그대로 옮겨 그려주세요.

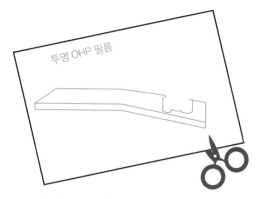

2. 옮겨 그린 싱크대 상판은 가위로 깨끗하게 오려주세요.

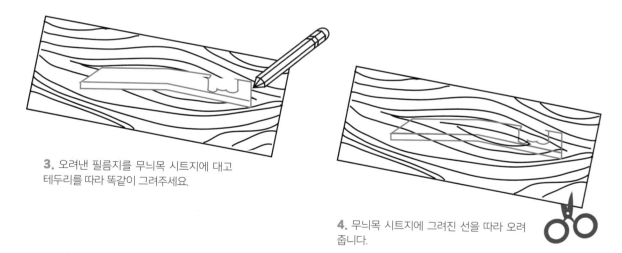

3. 오려낸 필름지를 무늬목 시트지에 대고 테두리를 따라 똑같이 그려주세요.

4. 무늬목 시트지에 그려진 선을 따라 오려 줍니다.

5. 깨끗하게 오려낸 무늬목 시트지를 원단에 붙여주세요.

FABULOUS — 아웃라인s 645(1)

FAMILY
새틴 645(2)
Kitchen — 아웃라인s 645(1)

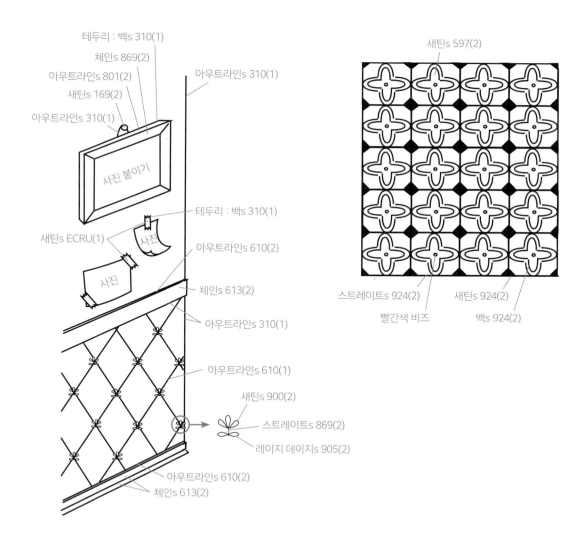

테두리 : 백s 310(1)

체인s 869(2)

아웃라인s 801(2)

새틴s 169(2)

아웃라인s 310(1)

아웃라인s 310(1)

사진 붙이기

테두리 : 백s 310(1)

새틴s ECRU(1)

아웃라인s 610(2)

사진

체인s 613(2)

아웃라인s 310(1)

아웃라인s 610(1)

새틴s 900(2)

스트레이트s 869(2)

레이지 데이지s 905(2)

아웃라인s 610(2)

체인s 613(2)

새틴s 597(2)

스트레이트s 924(2)

새틴s 924(2)

빨간색 비즈

백s 924(2)

67

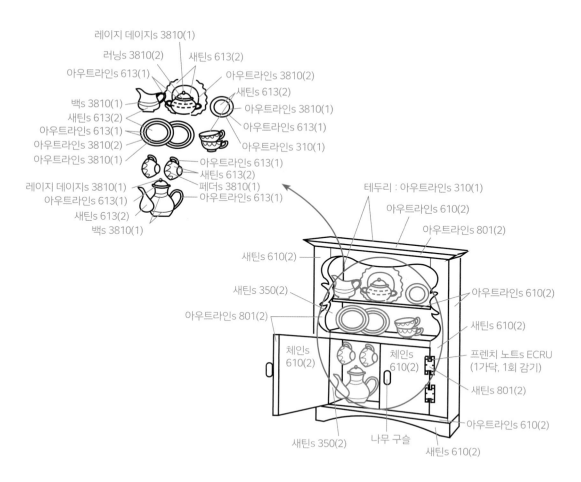

레이지 데이지s 3810(1)
러닝s 3810(2)
아우트라인 613(1)
백s 3810(1)
새틴s 613(2)
아우트라인 613(1)
아우트라인 3810(2)
아우트라인 3810(1)
레이지 데이지s 3810(1)
아우트라인 613(1)
새틴s 613(2)
백s 3810(1)

새틴s 613(2)
아우트라인 3810(2)

새틴s 613(2)
아우트라인 3810(1)
아우트라인 613(1)
아우트라인 310(1)

아우트라인 613(1)
새틴s 613(2)
페더 3810(1)
아우트라인 613(1)

테두리 : 아우트라인s 310(1)
아우트라인 610(2)
아우트라인 801(2)

새틴s 610(2)

새틴s 350(2)

아우트라인 801(2)

아우트라인 610(2)

새틴s 610(2)

체인s
610(2)

체인s
610(2)

프렌치 노트s ECRU
(1가닥, 1회 감기)

새틴s 801(2)

아우트라인 610(2)

새틴s 350(2)   나무 구슬   새틴s 610(2)

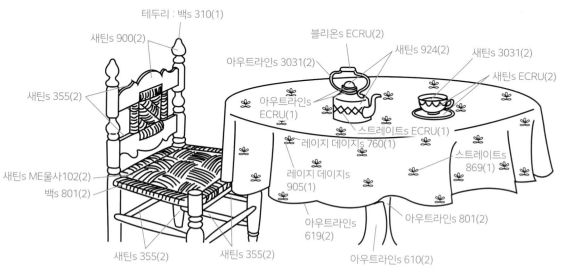

테두리 : 백s 310(1)
새틴s 900(2)

새틴s 355(2)

새틴s ME울사102(2)
백s 801(2)

블리온s ECRU(2)
새틴s 924(2)
아우트라인s 3031(2)   새틴s 3031(2)
새틴s ECRU(2)
아우트라인s
ECRU(1)
스트레이트s ECRU(1)
레이지 데이지s 760(1)
스트레이트s
869(1)
레이지 데이지s
905(1)

새틴s 355(2)   새틴s 355(2)

아우트라인
619(2)

아우트라인s 610(2)

아우트라인s 801(2)

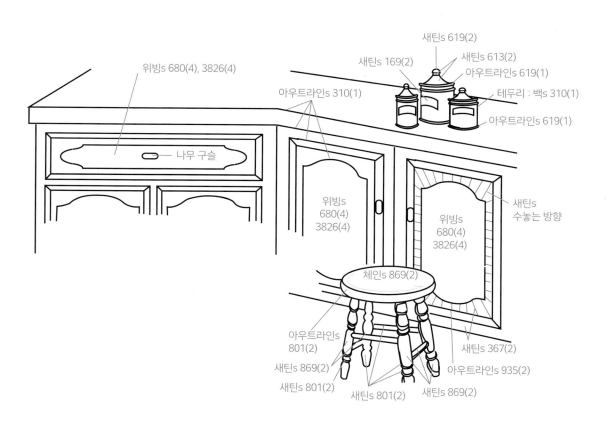

위빙s 680(4), 3826(4)

아우트라인s 310(1)

새틴s 619(2)

새틴s 169(2)

새틴 613(2)

아우트라인s 619(1)

테두리 : 백s 310(1)

아우트라인s 619(1)

나무 구슬

위빙s
680(4)
3826(4)

위빙s
680(4)
3826(4)

새틴s
수놓는 방향

체인s 869(2)

아우트라인s
801(2)

새틴s 869(2)

새틴s 801(2)

새틴s 801(2)

새틴s 869(2)

새틴s 367(2)

아우트라인s 935(2)

레이스 매트

매트 사이즈 가로 35cm, 세로 35cm

How to make

사용한 원단
린넨(백아이보리)

사용한 실
DMC 25번사 : 169, 370, 3031, 3051, 3768, ECRU

사용한 스티치
레이지 데이지 스티치, 버튼홀 레이스 스티치, 새틴 스티치, 스트레이트 스티치, 아우트라인 스티치, 프렌치 노트 스티치

수놓기 tip
• 모든 프렌치 노트 스티치는 2가닥으로 1회 돌려 감아주세요.
• 매트 테두리 부분의 일정한 패턴 곡선을 수놓을 때 아우트라인 스티치 땀의 간격을 2mm로 아주 촘촘히 수놓아야 곡선 연결이 자연스럽습니다.

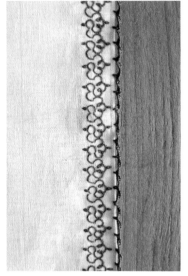

도안

100% 도안 별지

- 사용한 실 명칭을 따로 표기하지 않은 실 번호는 DMC 25번사입니다.
- 도안 설명은 스티치 → 실 번호 → (실의 가닥 수)로 표기했습니다.
  예) 아웃라인s 801(2) : 801번 실 2가닥으로 아웃라인 스티치를 합니다.

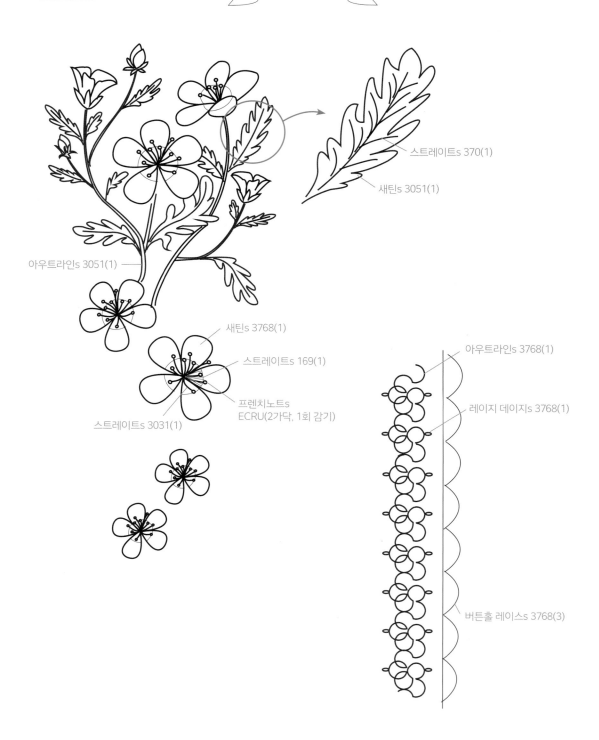

스트레이트s 370(1)

새틴s 3051(1)

아우트라인s 3051(1)

새틴s 3768(1)

스트레이트s 169(1)

프렌치노트s
ECRU(2가닥, 1회 감기)

스트레이트s 3031(1)

아우트라인s 3768(1)

레이지 데이지s 3768(1)

버튼홀 레이스s 3768(3)

❦ 큰 꽃잎이나 잎사귀를 새틴 스티치로 채우는 법 ❦

1. 먼저 일정한 간격으로 섹션을 나눈 후 그 사이를 다시 한번 나눠주세요.

2. 간격이 좁아지면 위에서부터 촘촘히 새틴 스티치로 여백을 채워주세요. 새틴 스티치로 마무리한 후, 중심 잎맥을 표현할 때는 다른 색상의 실로 스트레이트 스티치를 수놓아서 명암을 넣어줍니다.

플라워 티 코스터

티 코스터 사이즈 가로 10cm, 세로 10cm

사용한 원단
린넨(11×11cm) 4장

기타 재료
접착 심지

사용한 실
DMC 25번사 : 350, 352, 444, 445, 518, 840, 905, 966

사용한 스티치
레이지 데이지 스티치, 버튼홀 레이스 스티치, 새틴 스티치, 스트레이트 스티치, 아우트라인 스티치, 프렌치 노트 스티치

수놓기 tip
• 모든 프렌치 노트 스티치는 2가닥으로 1회 돌려 감아주세요.

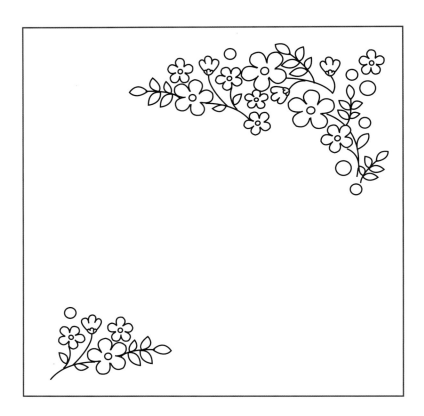

• 사용한 실 명칭을 따로 표기하지 않은 실 번호는 DMC 25번사입니다.

• 도안 설명은 스티치 → 실 번호 → (실의 가닥 수)로 표기했습니다.
  예) 아웃라인s 801(2) : 801번 실 2가닥으로 아웃라인 스티치를 합니다.

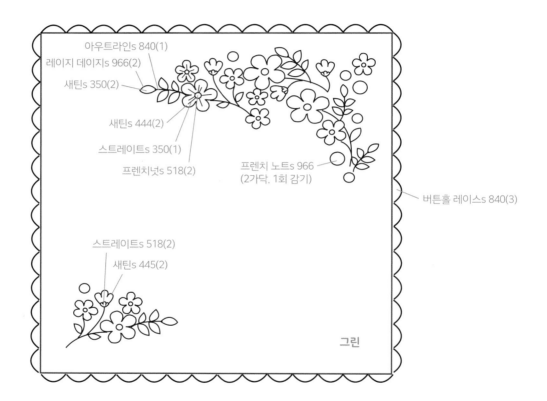

아우트라인s 840(1)

레이지 데이지s 966(2)

새틴s 350(2)

새틴s 444(2)

스트레이트s 350(1)

프렌치넛s 518(2)

프렌치 노트s 966
(2가닥. 1회 감기)

버튼홀 레이스s 840(3)

스트레이트s 518(2)

새틴s 445(2)

그린

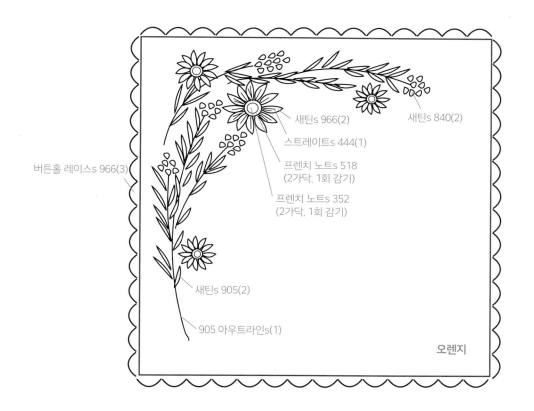

버튼홀 레이스s 966(3)

새틴s 966(2)

스트레이트s 444(1)

프렌치 노트s 518
(2가닥, 1회 감기)

프렌치 노트s 352
(2가닥, 1회 감기)

새틴s 840(2)

새틴s 905(2)

905 아우트라인s(1)

오렌지

83

⋐ 티 코스터 만드는 법 ⋑

겉감 앞

겉감 뒤

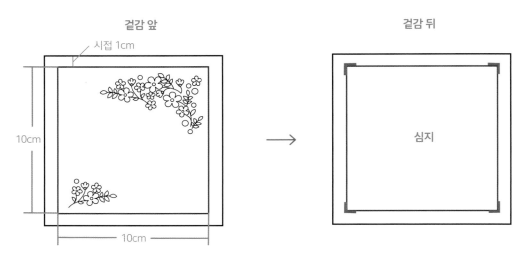

시접 1cm

10cm

10cm

심지

1. 수놓인 10×10cm의 겉감은 시접 1cm를 남기고 재단해주세요.
겉감의 뒷면에 심지를 붙여주세요(다리미 사용).

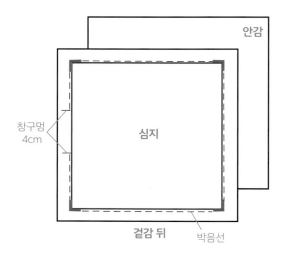

안감

창구멍
4cm

심지

겉감 뒤 박음선

2. 겉감의 앞면과 안감을 마주대고 창구멍을
제외한 박음선을 따라 박음질합니다.

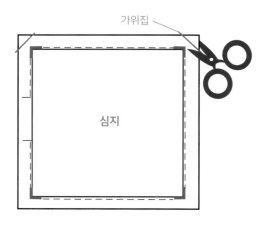

가위집

심지

3. 네 모서리에 가위집을 낸 후 창구멍을 통
해 뒤집어주세요.

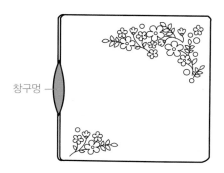

창구멍 →

4. 열린 창구멍은 공그르기로 막아줍니다.

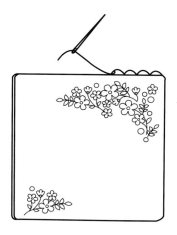

5. 모서리 부분부터 버튼홀 레이스 스티치를 테두리 전체에 수놓아 마무리합니다.

앤틱 화병

캔버스 액자 사이즈 가로 22cm, 세로 27cm

How to make

사용한 원단

린넨

기타 재료

오팔 큐빅(8×10mm), 골드 납작 체인(1.5~2mm)

사용한 실

DMC 25번사 : 166, 350, 352, 444, 445, 517, 518, 581, 598, 600, 840, 900, 905, 909, 919, 3809, 3810, 3362, 3826, E3821, ECRU

사용한 스티치

레이지 데이지 스티치, 리프 스티치, 버튼홀 스티치, 새틴 스티치, 스트레이트 스티치, 아우트라인 스티치, 체인 스티치, 프렌치 노트 스티치

• 사용한 실 명칭을 따로 표기하지 않은
  실 번호는 DMC 25번사입니다.
• 도안 설명은 스티치 → 실 번호 → (실의
  가닥 수)로 표기했습니다.
  예) 아우트라인s 801(2) : 801번 실 2가
  닥으로 아우트라인 스티치를 합니다.

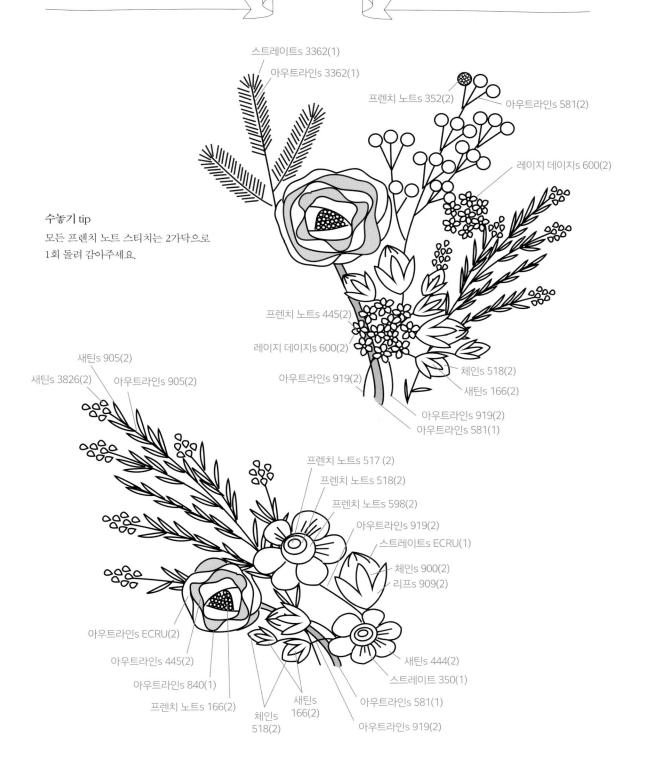

스트레이트s 3362(1)

아우트라인 3362(1)

프렌치 노트s 352(2)

아우트라인 581(2)

레이지 데이지s 600(2)

수놓기 tip
모든 프렌치 노트 스티치는 2가닥으로
1회 돌려 감아주세요.

프렌치 노트s 445(2)

레이지 데이지s 600(2)

아우트라인 919(2)

체인 518(2)

새틴s 166(2)

아우트라인 919(2)

아우트라인 581(1)

새틴s 905(2)

새틴s 3826(2)

아우트라인s 905(2)

프렌치 노트s 517 (2)

프렌치 노트s 518(2)

프렌치 노트s 598(2)

아우트라인 919(2)

스트레이트s ECRU(1)

체인s 900(2)

리프s 909(2)

아우트라인s ECRU(2)

아우트라인s 445(2)

아우트라인s 840(1)

프렌치 노트s 166(2)

체인s
518(2)

새틴s
166(2)

아우트라인s 581(1)

아우트라인 919(2)

새틴s 444(2)

스트레이트 350(1)

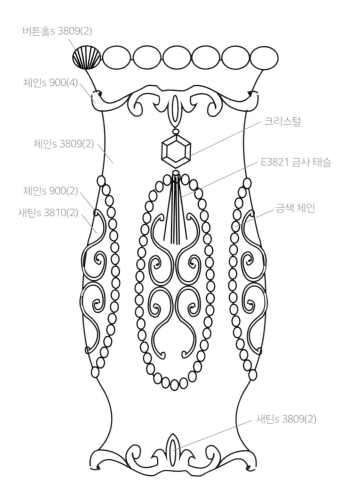

버튼홀s 3809(2)

체인s 900(4)

체인s 3809(2)

체인s 900(2)

새틴s 3810(2)

크리스털

E3821 금사 태슬

금색 체인

새틴s 3809(2)

∾ 앤틱 화병 만드는 법 ∾

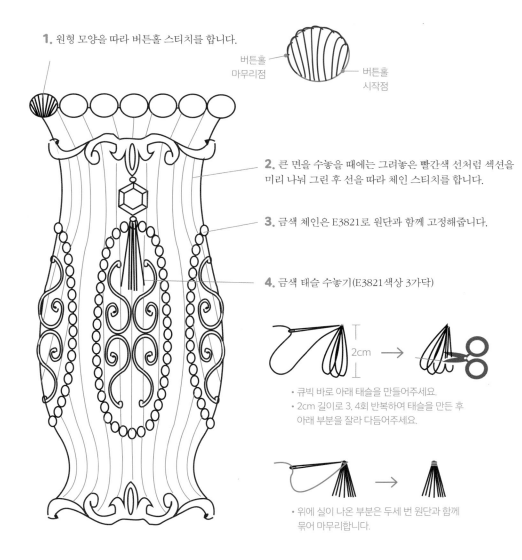

1. 원형 모양을 따라 버튼홀 스티치를 합니다.

버튼홀
마무리점

버튼홀
시작점

2. 큰 면을 수놓을 때에는 그려놓은 빨간색 선처럼 섹션을
미리 나눠 그린 후 선을 따라 체인 스티치를 합니다.

3. 금색 체인은 E3821로 원단과 함께 고정해줍니다.

4. 금색 태슬 수놓기(E3821색상 3가닥)

2cm

- 큐빅 바로 아래 태슬을 만들어주세요.
- 2cm 길이로 3, 4회 반복하여 태슬을 만든 후
  아래 부분을 잘라 다듬어주세요.

- 위에 실이 나온 부분은 두세 번 원단과 함께
  묶어 마무리합니다.

블루 루프 하우스

캔버스 액자 사이즈 가로 41cm, 세로 24.5cm

How to make

사용한 원단
무명
커튼 조각용 원단 : 꽃무늬 린넨(3×2cm)

기타 재료
오시도리면 끈(2mm), 면 리본(두께 6mm), 트레이싱
지, 본드

사용한 실
DMC 25번사 : 166, 310, 351, 352, 444, 517, 552,
581, 598, 611, 612, 613, 642, 666, 731, 760, 801,
869, 900, 905, 924, 3031, 3362, 3705, 3779, 3842,
3862, BLANC, ECRU

사용한 스티치
레이지 데이지 스티치, 레이즈드 스템 스티치, 롱 앤드
쇼트 스티치, 리프 스티치, 백 스티치, 불리온 스티치,
블레이드 스티치, 새틴 스티치, 스트레이트 스티치, 아
웃라인 스티치, 체인 스티치, 캐스트 온 링 스티치,
프렌치 노트 스티치, 휠 스티치

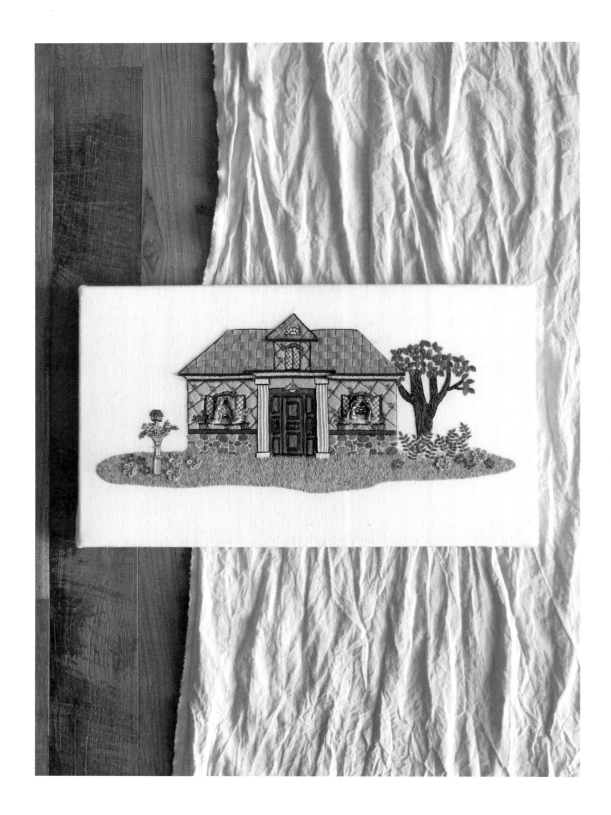

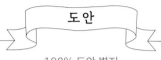

도안

- 사용한 실 명칭을 따로 표기하지 않은 실 번호는 DMC 25번사입니다.
- 도안 설명은 스티치 → 실 번호 → (실의 가닥 수)로 표기했습니다.
  예) 아웃트라인s 801(2) : 801번 실 2가닥으로 아웃트라인 스티치를 합니다.

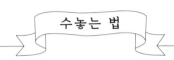

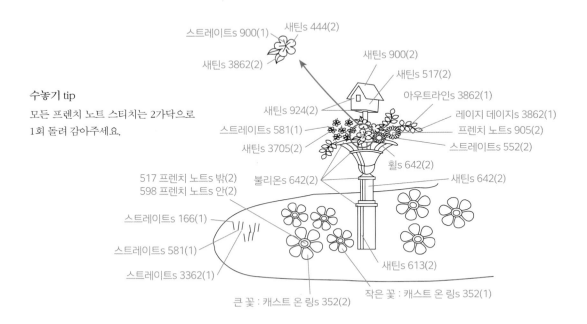

스트레이트s 900(1)
새틴s 444(2)
새틴s 3862(2)
새틴s 900(2)
새틴s 517(2)
아웃라인s 3862(1)
새틴s 924(2)
레이지 데이지s 3862(1)
스트레이트s 581(1)
프렌치 노트s 905(2)
새틴s 3705(2)
스트레이트s 552(2)
휠s 642(2)

수놓기 tip
모든 프렌치 노트 스티치는 2가닥으로
1회 돌려 감아주세요.

517 프렌치 노트s 밖(2)
598 프렌치 노트s 안(2)
불리온s 642(2)
새틴s 642(2)
스트레이트s 166(1)
스트레이트s 581(1)
스트레이트s 3362(1)
새틴s 613(2)
큰 꽃 : 캐스트 온 링s 352(2)
작은 꽃 : 캐스트 온 링s 352(1)

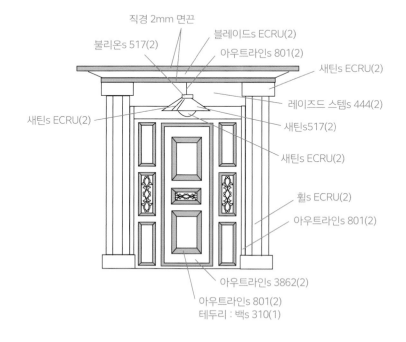

직경 2mm 면끈
블레이드s ECRU(2)
불리온s 517(2)
아웃라인s 801(2)
새틴s ECRU(2)
레이즈드 스템s 444(2)
새틴s ECRU(2)
새틴s517(2)
새틴s ECRU(2)
휠s ECRU(2)
아웃라인s 801(2)
아웃라인s 3862(2)
아웃라인s 801(2)
테두리 : 백s 310(1)

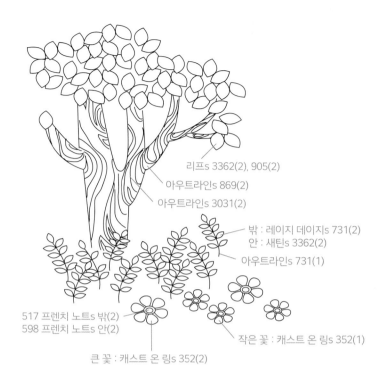

리프s 3362(2), 905(2)

아웃라인s 869(2)

아웃라인s 3031(2)

밖 : 레이지 데이지s 731(2)
안 : 새틴s 3362(2)

아웃라인s 731(1)

517 프렌치 노트s 밖(2)
598 프렌치 노트s 안(2)

작은 꽃 : 캐스트 온 링s 352(1)

큰 꽃 : 캐스트 온 링s 352(2)

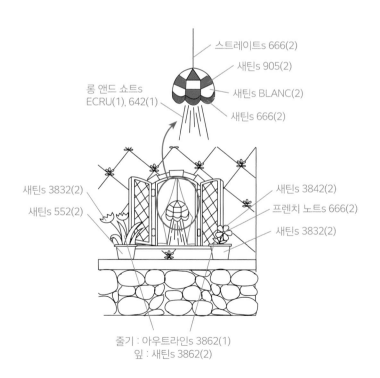

스트레이트s 666(2)

새틴s 905(2)

롱 앤드 쇼트s
ECRU(1), 642(1)

새틴s BLANC(2)

새틴s 666(2)

새틴s 3832(2)

새틴s 552(2)

새틴s 3842(2)

프렌치 노트s 666(2)

새틴s 3832(2)

줄기 : 아웃라인s 3862(1)
잎 : 새틴s 3862(2)

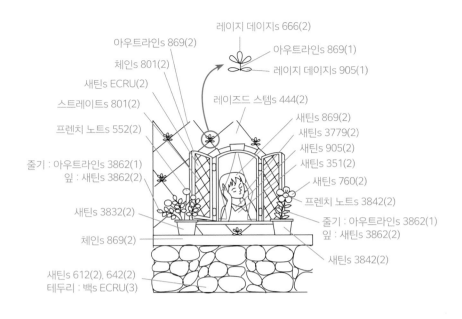

레이지 데이지s 666(2)
아웃라인s 869(2)
체인s 801(2)
새틴s ECRU(2)
스트레이트s 801(2)
프렌치 노트s 552(2)
줄기 : 아웃라인s 3862(1)
잎 : 새틴s 3862(2)
새틴s 3832(2)
체인s 869(2)
새틴s 612(2), 642(2)
테두리 : 백s ECRU(3)

레이즈드 스템s 444(2)

아웃라인s 869(1)
레이지 데이지s 905(1)

새틴s 869(2)
새틴s 3779(2)
새틴s 905(2)
새틴s 351(2)
새틴s 760(2)
프렌치 노트s 3842(2)
줄기 : 아웃라인s 3862(1)
잎 : 새틴s 3862(2)

새틴s 3842(2)

❧ 커튼 달기 ❧

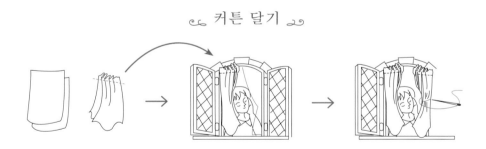

1. 도안 크기에 맞춰 조각 원단 2장을 준비합니다.

2. 원단 윗부분에 주름을 잡아서 박음질한 후 도안 창틀 윗부분에 올려놓고 원단과 함께 박음질로 고정해주세요.

3. 창틀 안이 잘 보일 수 있도록 양옆을 실로 묶어 고정합니다.

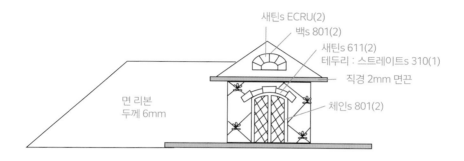

새틴s ECRU(2)
백s 801(2)
새틴 611(2)
테두리 : 스트레이트s 310(1)
직경 2mm 면끈
체인s 801(2)
면 리본
두께 6mm

୧୧ 지붕 만들기 ୨୨

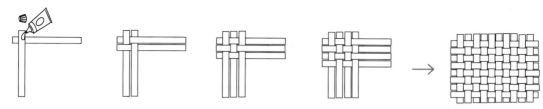

1. 면 리본(두께 6mm)을 일정한 간격(길이 약 9cm)으로 재단해주세요.

2. 위와 같이 면 리본을 가로와 세로로 겹쳐가며 이어갑니다.

3. 이때 리본이 겹치는 부분은 면봉으로 살짝 본드를 칠하여 고정해주세요.

4. 도안에 그려진 왼쪽 지붕을 트레싱지에 그대로 옮긴 후, 모양대로 가위로 잘라주세요.

5. 오려낸 트레싱지 왼쪽 지붕을 완성한 리본 위에 올려놓고 트레싱지 테두리를 따라 그려주세요.

6. 리본 위에 그려진 선을 따라 가위로 오린 후 뒷면에 본드를 칠하여 왼쪽 지붕 위에 붙여주세요(오른쪽 지붕도 동일하게 붙입니다).

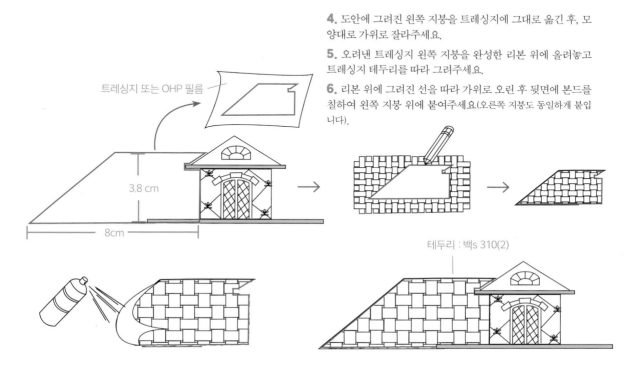

트레싱지 또는 OHP 필름

3.8 cm

8cm

테두리 : 백s 310(2)

브로치 액자

브로치 사이즈
1번 브로치 : 가로 3.5cm, 세로 4.5cm / 2번 브로치 : 가로 3.5cm, 세로 4.5cm
3번 브로치 : 가로 4cm, 세로 5.5cm / 4번 브로치 : 가로 4cm, 세로 5.5cm
5번 브로치 : 직경 4.5cm / 6번 브로치 : 가로 3.5cm, 세로 4.5cm

How to make

사용한 원단
린넨, 햄프린넨, 옥스퍼드

기타 재료
크리스털, 비즈, 큐빅, 우드 브로치, 알루미늄 브로치
부자재, 본드

사용한 실
DMC 25번사 : 166, 167, 307, 444, 517, 581, 597,
600, 760, 869, 900, 905, 987, 3031, 3347, 3713,
3731, 3779, 3809, 3862, ECRU

사용한 스티치
레이지 데이지 스티치, 리프 스티치, 백 스티치, 불리
온 링 스티치, 불리온 스티치, 새틴 스티치, 스트레이
트 스티치, 아우트라인 스티치, 프렌치 노트 스티치

1

2

3

4

5

6

크리스털

리프s 905(3)

짧게 스트레이트s ECRU(2)

빨간색 비즈로 채우기

아우트라인s 869(2)

새틴s 3347(2)

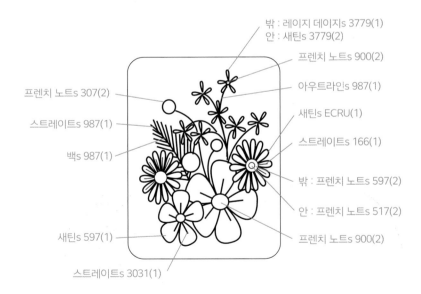

밖 : 레이지 데이지s 3779(1)
안 : 새틴s 3779(2)

프렌치 노트s 900(2)

아우트라인s 987(1)

프렌치 노트s 307(2)

새틴s ECRU(1)

스트레이트s 987(1)

스트레이트s 166(1)

백s 987(1)

밖 : 프렌치 노트s 597(2)

안 : 프렌치 노트s 517(2)

새틴s 597(1)

프렌치 노트s 900(2)

스트레이트s 3031(1)

• 사용한 실 명칭을 따로 표기하지 않은 실 번호는 DMC 25번사입니다.
• 도안 설명은 스티치 → 실 번호 → (실의 가닥 수)로 표기했습니다.
  예) 아우트라인s 801(2) : 801번 실 2가닥으로 아우트라인 스티치를 합니다.

수놓기 tip

• 모든 프렌치 노트 스티치는 2가닥으로
  1회 돌려 감아주세요.

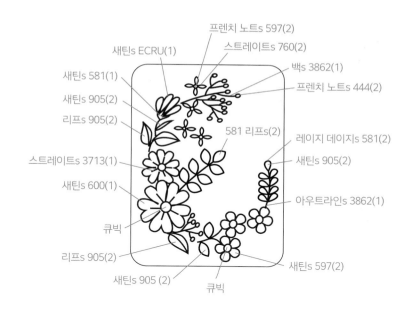

프렌치 노트s 597(2)
새틴s ECRU(1)
스트레이트s 760(2)
백s 3862(1)
새틴s 581(1)
프렌치 노트s 444(2)
새틴s 905(2)
리프s 905(2)
581 리프s(2)
레이지 데이지s 581(2)
스트레이트s 3713(1)
새틴s 905(2)
새틴s 600(1)
아우트라인s 3862(1)
큐빅
리프s 905(2)
새틴s 597(2)
새틴s 905 (2)
큐빅

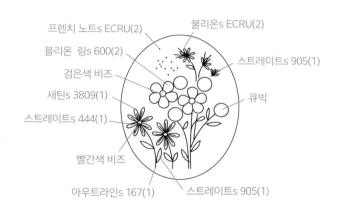

프렌치 노트s ECRU(2)
불리온s ECRU(2)
불리온 링s 600(2)
스트레이트s 905(1)
검은색 비즈
새틴s 3809(1)
큐빅
스트레이트s 444(1)
빨간색 비즈
아우트라인s 167(1)
스트레이트s 905(1)

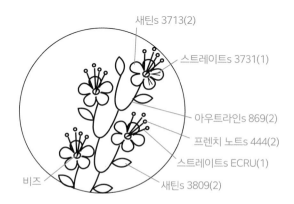

새틴s 3713(2)
스트레이트s 3731(1)
아우트라인s 869(2)
프렌치 노트s 444(2)
스트레이트s ECRU(1)
비즈
새틴s 3809(2)

원형 브로치 만드는 법

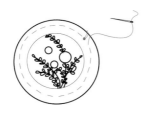

1. 완성한 브로치 원단 둘레를 홈질합니다.

2. 알루미늄 브로치 부자재의 볼록한 윗면에 원단을 붙인 후

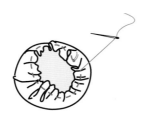

3. 홈질한 실을 잡아당겨 매듭을 지어주세요.

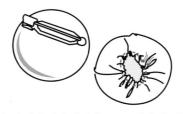

4. 옷핀이 달린 알루미늄 브로치에 본드를 칠하여 홈질한 브로치에 붙여줍니다.

우드 브로치 만드는 법

1. 완성한 브로치 원단 둘레를 홈질합니다.

2. 사각 알루미늄 브로치 부자재의 볼록한 윗면에 원단을 붙인 후

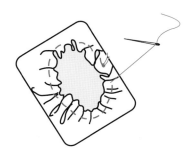

3. 홈질한 실을 잡아당겨 매듭을 지어주세요.

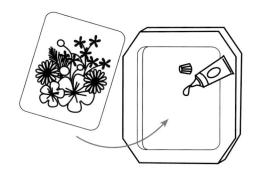

4. 옷핀이 달린 우드 브로치 앞면에 본드를 칠하여 홈질한 브로치를 붙여 고정해주세요 (다만, 1번 브로치는 햄프린넨이 두껍기 때문에 프레임에 붙이지 않고 바로 옷핀이 달린 우드 브로치 위에 붙여 고정합니다).

꽃사슴 액자

꽃사슴 사이즈 가로 13.5cm, 세로 19cm(뿔 길이 포함)

사용한 원단
무명

기타 재료
빨간색 비즈(직경 2mm), 파란색 비즈(직경 2mm), 모형 눈(6mm), 모형코(1.5×1.3cm), 털모루(길이 1m), 털실(나일론), 액자, 본드

사용한 실
DMC 25번사 : 310, 444, 470, 517, 519, 613, 645, 840, 905, 3731, 3733

사용한 스티치
레이즈드 리프 스티치, 불리온 링 스티치, 스미르나 스티치, 스트레이트 스티치, 아우트라인 스티치, 와이어 리프 스티치, 체인 스티치

수놓기 tip

스미르나 스티치 풍성하게 수놓기

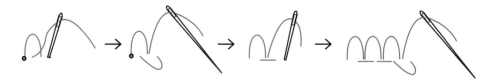

1. 일반적으로 이러한 방법으로 스미르나 스티치를 놓습니다. 하지만 좀 더 풍성한 느낌의 스미르나 스티치 기법을 쓴다면 다음과 같이 실을 묶는 과정을 생략해도 좋습니다.

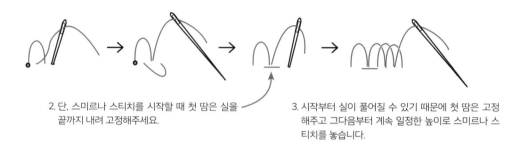

2. 단, 스미르나 스티치를 시작할 때 첫 땀은 실을 끝까지 내려 고정해주세요.

3. 시작부터 실이 풀어질 수 있기 때문에 첫 땀은 고정해주고 그다음부터 계속 일정한 높이로 스미르나 스티치를 놓습니다.

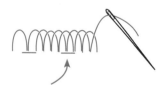

4. 5~6회 정도 일정한 높이로 반복해 수놓다가 중간에 한 번 고정해주세요.

5. 여백이 없도록 촘촘히 스미르나 스티치를 놓은 후 윗부분을 가위로 잘라 다듬어주세요.

와이어 리프 스티치로 꽃잎 만들기

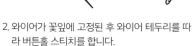

1. 꽃잎을 새틴 스티치로 채워주세요. 명암을 주기 위해 조금 진한 색상의 실 한 줄을 사용합니다. 완성된 새틴 스티치 위로 위와 같이 스트레이트 스티치를 불규칙하게 수놓아줍니다. 꽃잎 크기에 맞춰 와이어를 자르고 자른 와이어를 꽃잎 테두리에 실로 고정시켜주세요.

2. 와이어가 꽃잎에 고정된 후 와이어 테두리를 따라 버튼홀 스티치를 합니다.

3. 와이어를 버튼홀 스티치로 모두 두른 후, 가위로 테두리를 오려냅니다. 이때 버튼홀 스티치가 잘리지 않도록 주의해주세요.

4. 오려낸 각각의 꽃잎을 합쳐 꽃잎 아래 부분을 바늘로 꿰매어준 후 원단에 고정시켜 주세요. 이후 중심에 비즈를 달아 장식합니다.

도안

- 사용한 실 명칭을 따로 표기하지 않은 실
  번호는 DMC 25번사입니다.
- 도안 설명은 스티치 → 실 번호 → (실의 가
  닥 수)로 표기했습니다.
  예) 아웃라인s 801(2) : 801번 실 2가닥
  으로 아웃라인 스티치를 합니다.

112

레이즈드 리프s 905(6)

레이즈드 리프s 470(3)

불리온 링s 519(4)

빨간색 비즈

파란색 비즈

레이즈드 리프s 470(3)

스미르나s 840(2)

스미르나s 613(2)

스트레이트s 3733(1)

와이어 리프s 3731(1)

체인s 517(2)

빨간색 비즈

스미르나s 613(2)

아우트라인s 310(2)

체인s 444(2)

모형눈(직경 6mm)

모형코(W 1.5cm, H 1.2cm)

아우트라인s 310(2)

스미르나s 645(2)

스미르나s 613(2)

스미르나s 840(2)

19cm

13.5cm

113

∽ 꽃사슴 뿔 만드는 법 ∾

1. 얇은 일반 철사보다 입체감이 있는 털모루(갈색)를 사용합니다. 길이는 10cm로 잘라서 10개 정도 준비해주세요. 털모루 3개를 높이가 다르게 보이도록 놓은 후 3개의 털모루 아래 부분을 겹쳐 꼬아주세요.

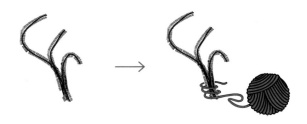

2. 털모루를 구부려 뿔 모양을 만들어준 후 털실을 사용하여 털모루를 전부 돌려 감아주세요. 전부 감은 후, 실을 자르고 본드로 붙여 마감해주세요.

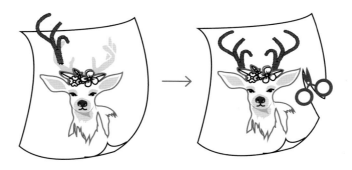

3. 만들어놓은 뿔은 사슴머리 위에 고정해
주세요. 입체 꽃자수를 채운 후에 테두리를
따라 가위로 오려줍니다.

4. 수놓은 사슴 뒷면에 본드를 칠하고 액자
에 붙여 장식해주세요.

Part 2

MY BELONGINGS

플라워 가든 파우치

가방 사이즈 가로 27cm, 세로 19cm

How to make

사용한 원단
겉감 : 옥스퍼드 2장
안감 : 트윌 2장

기타 재료
접착 심지 2장, 메탈 지퍼 1개(길이 30cm), 태슬(p. 130 태슬 만들기 참고)

사용한 실
DMC 25번사 : 333, 352, 444, 517, 518, 550, 581, 598, 666, 760, 783, 860, 869, 900, 907, 909, 919, 966, 3031, 3760, 3814, ECRU

사용한 스티치
레이지 데이지 스티치, 롱 앤드 쇼트 스티치, 백 스티치, 새틴 스티치, 스트레이트 스티치, 아웃라인 스티치, 체인 스티치, 카우치트 트렐리스 스티치, 페더 스티치, 프렌치 노트 스티치

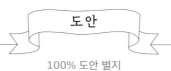

• 사용한 실 명칭을 따로 표기하지 않은 실 번호는 DMC 25번사입니다.

• 도안 설명은 스티치 → 실 번호 → (실의 가닥 수)로 표기했습니다.
예) 아우트라인s 801(2) : 801번 실 2가닥으로 아우트라인 스티치를 합니다.

수놓기 tip

<u>열매 수놓기</u>

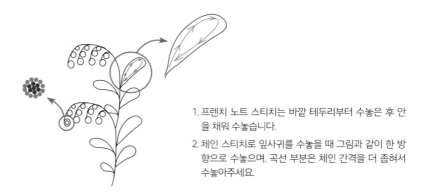

1. 프렌치 노트 스티치는 바깥 테두리부터 수놓은 후 안을 채워 수놓습니다.
2. 체인 스티치로 잎사귀를 수놓을 때 그림과 같이 한 방향으로 수놓으며, 곡선 부분은 체인 간격을 더 좁혀서 수놓아주세요.

<u>큰 잎 수놓기</u>

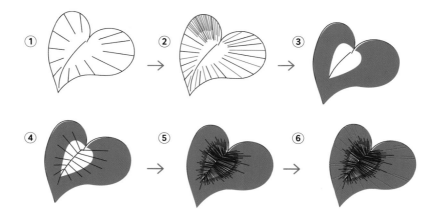

1. 큰 잎사귀를 새틴 스티치로 수놓을 때에는 반드시 그림 ①과 같이 섹션을 먼저 나눠주세요.

2. 섹션 길이는 중심 잎맥까지 길게 오지 않고 잎사귀의 2/3 정도만 채워주세요.

3. 섹션을 나눈 후 그 사이를 같은 색상의 실로 여백 없이 롱 앤드 쇼트 스티치로 전부 채워주세요.

4. 잎사귀 안쪽을 채울 때도 먼저 섹션을 나눠주세요. 수놓인 롱 앤드 쇼트 스티치 위로 바늘이 올라와서 중심 잎맥까지 길게 스트레이트 스티치로 섹션을 나눕니다(안쪽 실 색상은 그러데이션 효과를 주기 위해 바깥쪽 실 색상과 다르게 해주세요).

5. 그 사이사이를 같은 색상의 실로 롱 앤드 쇼트 스티치를 합니다.

6. 수놓인 결에 맞춰 보색 대비 색상의 컬러(레드)로 드문드문 스트레이트 스티치로 포인트를 줍니다.

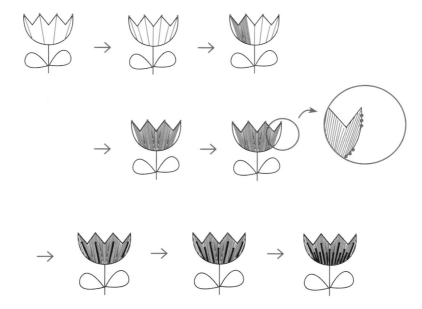

1. 튤립의 윗부분 꼭짓점으로부터 아래로 스트레이트 스티치로 섹션을 나눠주세요(중심으로 살짝 기울여 스트레이트 스티치를 합니다).

2. 섹션을 나눈 후 새틴 스티치로 그림과 같이 채워주세요.

3. 튤립의 양옆을 둥글게 수놓기 위해서 오른쪽 끝 꼭짓점 지점에서 아래로 수직으로 새틴 스티치를 합니다.

4. 새틴 스티치를 한 후 튤립 꼭짓점 아래에서 스트레이트 스티치로 4개의 섹션을 나눠주세요.

5. 그 사이를 높이를 조금 낮춰 스트레이트 스티치로 또 섹션을 나눕니다.

6. 마지막으로 섹션을 나눈 사이사이 더 짧은 스트레이트 스티치로 수놓습니다.

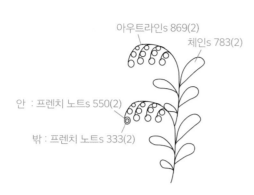

아우트라인s 869(2)
체인 783(2)
안 : 프렌치 노트s 550(2)
밖 : 프렌치 노트s 333(2)

레이지 데이지s 352(2)
아우트라인s 869(1)
프렌치 노트s ECRU(2)

프렌치 노트s 333(2)
프렌치 노트s 666(2)
새틴s 444(1)
스트레이트s ECRU(1)
스트레이트s 900(1)
스트레이트s 666(1)
안 : 롱 앤드 쇼트s 3760(1)
겉 : 롱 앤드 쇼트s 517(1)
아우트라인s 869 (2)

카우치트 트렐리스s 444(2)
카우치트 트렐리스s 869(1)
안 : 아우트라인s 517(1)
겉 : 아우트라인s 860(1)
아우트라인s 909(1)
아우트라인s 869(2)

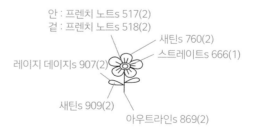

안 : 프렌치 노트s 517(2)
겉 : 프렌치 노트s 518(2)
새틴s 760(2)
스트레이트s 666(1)
레이지 데이지s 907(2)
새틴s 909(2)
아우트라인s 869(2)

새틴s 598(1)
스트레이트s 518(1)
새틴s 907(2)
아우트라인s 919(2)

수놓기 tip
모든 프렌치 노트 스티치는 2가닥으로
1회 돌려 감아주세요.

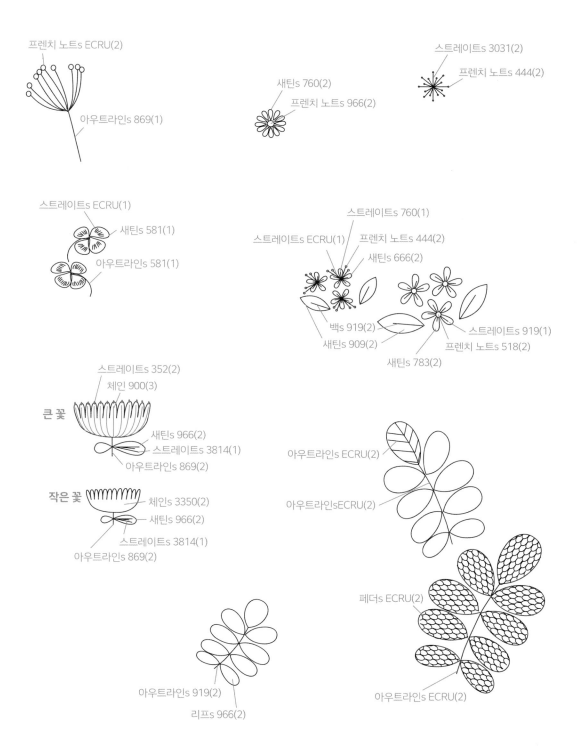

프렌치 노트s ECRU(2)

아우트라인s 869(1)

새틴s 760(2)

프렌치 노트s 966(2)

스트레이트s 3031(2)

프렌치 노트s 444(2)

스트레이트s ECRU(1)

새틴s 581(1)

아우트라인s 581(1)

스트레이트s 760(1)

스트레이트s ECRU(1)

프렌치 노트s 444(2)

새틴s 666(2)

백s 919(2)

새틴s 909(2)

새틴s 783(2)

스트레이트s 919(1)

프렌치 노트s 518(2)

스트레이트s 352(2)

체인 900(3)

큰 꽃

새틴s 966(2)

스트레이트s 3814(1)

아우트라인s 869(2)

작은 꽃

체인s 3350(2)

새틴s 966(2)

스트레이트s 3814(1)

아우트라인s 869(2)

아우트라인s ECRU(2)

아우트라인sECRU(2)

페더s ECRU(2)

아우트라인s ECRU(2)

아우트라인s 919(2)

리프s 966(2)

127

파우치 만드는 법

1. 자수가 놓인 겉감 A와 겉감 B, 두 장 모두 다리미로 접착 심지를 붙여주세요(접착 심지의 거칠고 반짝이는 풀칠 면을 원단과 맞대고 다려줍니다).

2. 겉감 B 심지를 붙인 뒷면 위에 나란히 지퍼를 뒤집어 올려놓은 후 시침핀으로 고정해주세요.

3. 겉감 B의 고정된 지퍼 위에 안감을 올려 다시 한번 시침핀으로 고정합니다.

4. 시접 1cm 위치의 박음선을 따라서 안감, 지퍼, 겉감 B를 함께 촘촘히 박음질합니다.

5. 박음질이 끝난 후 뒤집어서 다려줍니다.

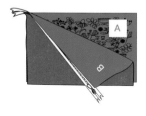  

6. 완성된 B의 겉감을 자수가 놓인 겉 A에 마주 대고 올려놓아주세요.

7. 그 위에 안감을 그대로 올려놓고 시침핀으로 고정한 후 박음선을 따라서 박음질합니다.

 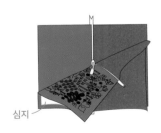 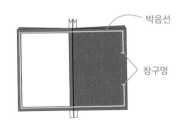

8. 박음질이 끝난 후 지퍼를 절반 정도 열어놓은 상태로 겉감의 앞뒤, 안감의 앞뒤를 서로 마주대고 창구멍을 제외한 박음선을 따라서 박음질합니다.

9. 박음질이 끝난 후 창구멍을 통해 원단을 뒤집어줍니다.

10. 창구멍은 공그르기로 마무리합니다.

태슬(길이 5cm) 만드는 법

1. 15cm 길이로 실을 넉넉히 감은 후 양쪽을 잘라주세요.

2. 양쪽을 잘라낸 실을 하나로 모아 중심을 묶어 고정해주세요.

3. 실을 반으로 접어 위에서 아래로 1cm가량 내려온 위치에 실을
여러 번 돌려 감아 머리 모양을 만들어주세요.

4. 머리 모양을 만든 후 돌려 감은 실 사이로 바늘은 2~3번 통과시켜 주세요.

5. 통과한 실은 태슬 길이에 맞춰 자른 후 다듬어주세요.

그린 린넨 에코백

가방 사이즈 가로 26cm, 세로 32cm, 끈 길이 50cm

How to make

사용한 원단
린넨

기타 재료
본드

사용한 실
DMC 25번사 : 165, 333, 444, 581, 666, 720, 721, 801, 900, 3705, 3713, 3731, 3760, 3842, 3862, ECRU

사용한 스티치
레이지 데이지 스티치, 리프 스티치, 백 스티치, 새틴 스티치, 스트레이트 스티치, 아우트라인 스티치, 체인 스티치, 프렌치 노트 스티치

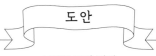

- 사용한 실 명칭을 따로 표기하지 않은 실 번호는 DMC 25번사입니다.
- 도안 설명은 스티치 → 실 번호 → (실의 가닥 수)로 표기했습니다.
  예) 아웃라인s 801(2) : 801번 실 2가닥으로 아웃라인 스티치를 합니다.

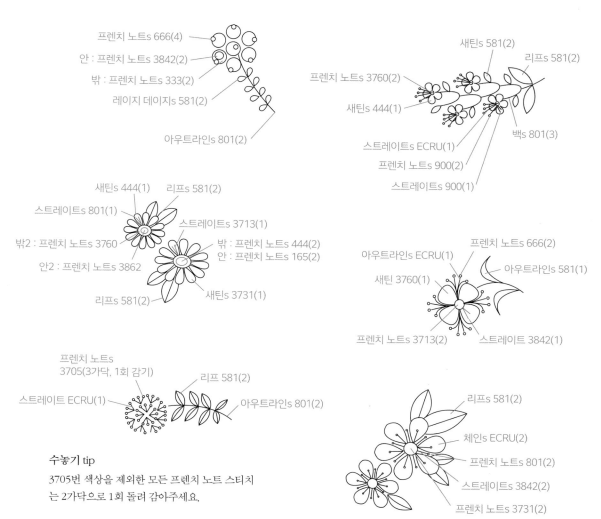

프렌치 노트s 666(4)
안 : 프렌치 노트s 3842(2)
밖 : 프렌치 노트s 333(2)
레이지 데이지s 581(2)
아웃라인s 801(2)

새틴s 581(2)
리프s 581(2)
프렌치 노트s 3760(2)
새틴s 444(1)
백s 801(3)
스트레이트s ECRU(1)
프렌치 노트s 900(2)
스트레이트s 900(1)

새틴s 444(1)
리프s 581(2)
스트레이트s 801(1)
스트레이트s 3713(1)
밖2 : 프렌치 노트s 3760
밖 : 프렌치 노트s 444(2)
안2 : 프렌치 노트s 3862
안 : 프렌치 노트s 165(2)
리프s 581(2)
새틴s 3731(1)

아웃라인s ECRU(1)
프렌치 노트s 666(2)
아웃라인s 581(1)
새틴 3760(1)
프렌치 노트s 3713(2)
스트레이트 3842(1)

프렌치 노트s
3705(3가닥, 1회 감기)
리프 581(2)
스트레이트 ECRU(1)
아웃라인s 801(2)

수놓기 tip

3705번 색상을 제외한 모든 프렌치 노트 스티치
는 2가닥으로 1회 돌려 감아주세요.

리프s 581(2)
체인s ECRU(2)
프렌치 노트s 801(2)
스트레이트s 3842(2)
프렌치 노트s 3731(2)

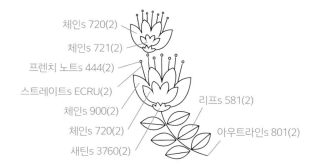

체인s 720(2)
체인s 721(2)
프렌치 노트s 444(2)
스트레이트s ECRU(2)
체인s 900(2)
리프s 581(2)
체인s 720(2)
아웃라인s 801(2)
새틴s 3760(2)

flowers power

Irishgarden

아웃라인s ECRU(3)

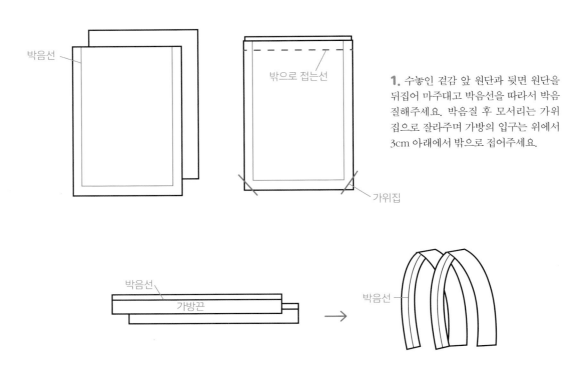

❧ 에코백 만드는 법 ❧

1. 수놓인 겉감 앞 원단과 뒷면 원단을 뒤집어 마주대고 박음선을 따라서 박음질해주세요. 박음질 후 모서리는 가위집으로 잘라주며 가방의 입구는 위에서 3cm 아래에서 밖으로 접어주세요.

2. 가방끈 두 개 모두 박음선이라고 표시된 선을 따라서 박음질한 후 뒤집어줍니다. 뒤집었을 때 박음선이 중심에 오도록 다려주세요.

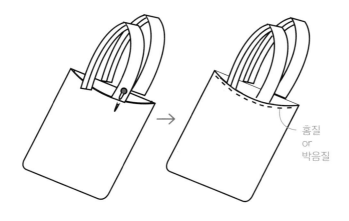

3. 가방은 뒤집은 후 적당한 위치에 가방 끈을 고정해놓고 가방 입구를 그림과 같이 끈과 함께 박음질합니다.

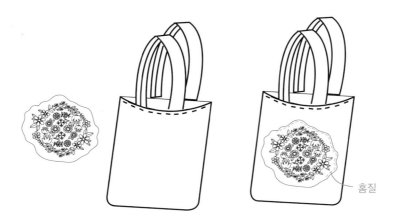

홈질

4. 완성한 자수 원단은 테두리를 따라 오린 후 뒷면에 본드를 칠하고 가방 중앙에 붙여주세요. 다리미로 잘 다려준 후 붙여진 원단 테두리를 홈질로 마무리합니다.

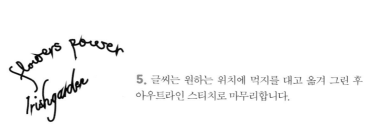

5. 글씨는 원하는 위치에 먹지를 대고 옮겨 그린 후 아우트라인 스티치로 마무리합니다.

꿀벌 동전 지갑

동전 지갑 도안 사이즈 가로 12.5cm, 세로 18.5cm

How to make

사용한 원단
겉감 : 옥스퍼드
안감 : 트윌

기타 재료
접착 심지, 콘솔 지퍼

사용한 실
DMC 25번사 : 444, 517, 646, 900, 3799, 3810,
ECRU

사용한 스티치
아웃라인 스티치, 새틴 스티치, 스트레이트 스티치,
페더 스티치, 프렌치 노트 스티치, 휘프트 체인 스티치

도안

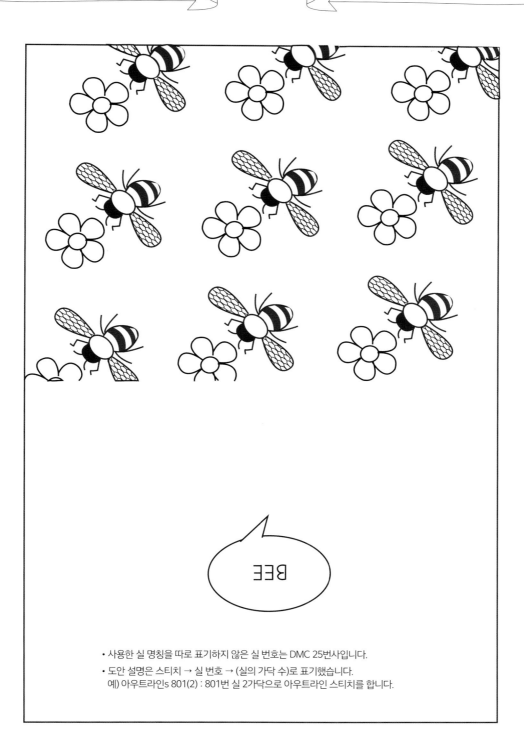

- 사용한 실 명칭을 따로 표기하지 않은 실 번호는 DMC 25번사입니다.
- 도안 설명은 스티치 → 실 번호 → (실의 가닥 수)로 표기했습니다.
  예) 아우트라인s 801(2) : 801번 실 2가닥으로 아우트라인 스티치를 합니다.

141

페더 스티치를 응용해서 꿀벌 날개 수놓는 법

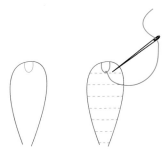

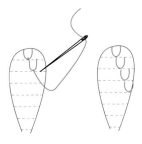

1. 날개 모양의 위 중앙에 U자 모양의 페더 스티치를 하나 놓습니다.

2. 오른쪽 한 방향으로 내려가며 페더 스티치를 놓아주세요. 페더 스티치를 놓을 때 가로와 세로의 길이가 일정해야 합니다.

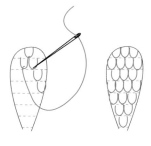

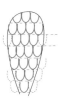

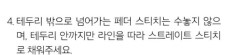

3. 두 번째 줄 왼쪽에서 페더 스티치를 하나 놓고 그림과 같은 방법으로 아래로 내려오며 페더 스티치로 전부 채워주세요.

4. 테두리 밖으로 넘어가는 페더 스티치는 수놓지 않으며, 테두리 안까지만 라인을 따라 스트레이트 스티치로 채워주세요.

스트레이트s 900(1)

프렌치 노트s 517
(2가닥, 1회 감기)

프렌치 노트s 3810
(2가닥, 1회 감기)

새틴s 444(2)

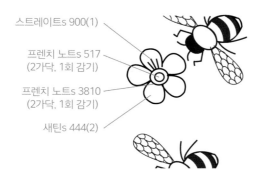

프렌치 노트s 444
(2가닥, 1회 감기)

새틴s 3799(1)

새틴s 3799(1)

새틴s 444(1)

아우트라인s 646(1)

페더s ECRU(1)

아우트라인s 646(1)

스트레이트s 646(1)

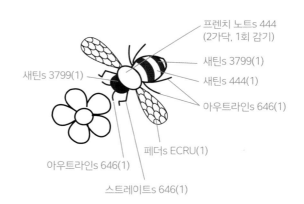

아우트라인s ECRU(1)

휘프트 체인s 444(2), 900(1)

동전 지갑 만드는 법

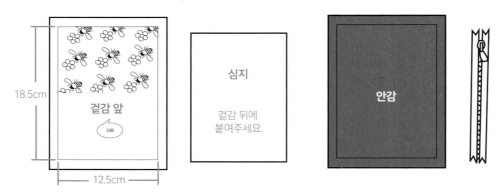

18.5cm

겉감 앞

BEE

12.5cm

심지

겉감 뒤에
붙여주세요.

안감

1. 겉감 1개, 안감 1개, 접착 심지 1개, 콘솔 지퍼 1개를 준비합니다.

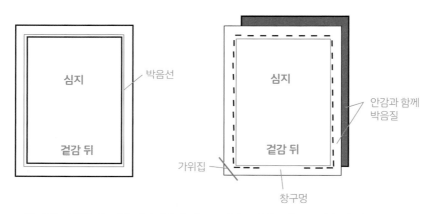

심지

겉감 뒤

박음선

심지

겉감 뒤

안감과 함께
박음질

가위집

창구멍

2. 수를 완성한 후, 겉감 뒤의 박음선 안으로 심지를 붙여주세요. 수가 놓인 겉감
앞면과 안감을 맞대어 창구멍을 제외하고 박음선을 따라서 박음질해주세요.

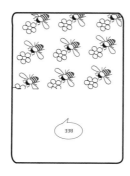

BEE

3. 모서리 부분은 전부 가위집을 내고 창구멍
으로 원단을 뒤집어 다림질한 후 창구멍은 공
그르기를 합니다.

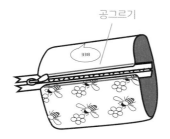

공그르기

4. 원단을 반으로 접어 그림과 같이 원단의 겉
감과 지퍼를 함께 양쪽 모두 공그르기 합니다.

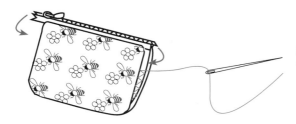

5. 지퍼의 양쪽 끝은 지갑의 안쪽으로 밀어 넣어주
면서 양쪽 옆선을 모두 공그르기로 마무리합니다.

꿀벌 미니백

미니백 사이즈 가로 22cm, 세로 28cm

How to make ————————————————

사용한 원단

겉감 : 옥스퍼드(갈색)

안감 : 트윌

아플리케 원단 : 광목

기타 재료

가죽 끈(폭 1cm, 길이 35cm) 2개, 스프레이 본드

사용한 실

DMC 25번사 : 444, 730, ECRU

MK울사 : 101, 103, 104, 105, 106, 115, 116, 117

사용한 스티치

레이지 데이지 스티치, 리프 스티치, 백 스티치, 새틴 스티치, 스트레이트 스티치, 아우트라인 스티치, 체인 스티치, 페더 스티치, 프렌치 노트 스티치

수놓기 tip

• 울사 프렌치 노트 스티치는 1가닥으로 1회 감아주 세요.

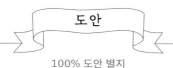
100% 도안 별지

22cm

28cm

- 사용한 실 명칭을 따로 표기하지 않은 실 번호는 DMC 25번사입니다.
- 도안 설명은 스티치 → 실 번호 → (실의 가닥 수)로 표기했습니다.
  예) 아우트라인s 801(2) : 801번 실 2가닥으로 아우트라인 스티치를 합니다.

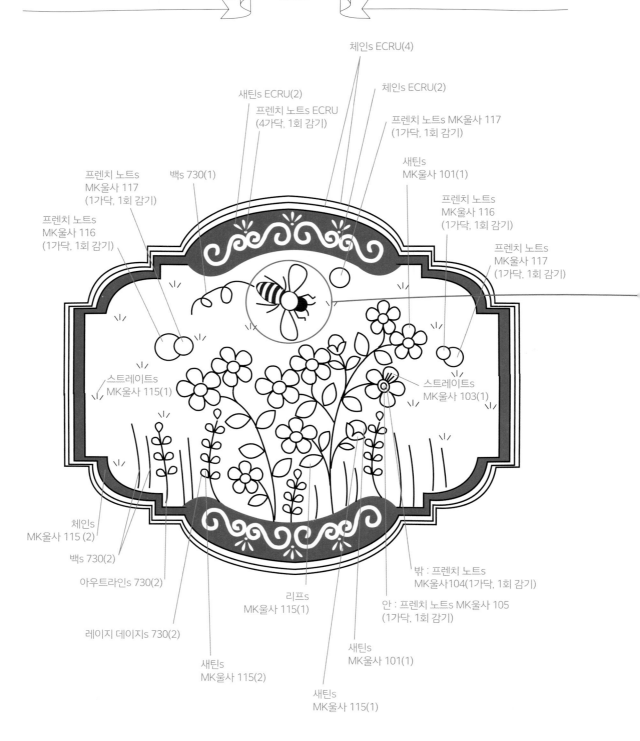

체인s ECRU(4)

체인s ECRU(2)

새틴s ECRU(2)

프렌치 노트s ECRU
(4가닥, 1회 감기)

프렌치 노트s MK울사 117
(1가닥, 1회 감기)

새틴s
MK울사 101(1)

프렌치 노트s
MK울사 116
(1가닥, 1회 감기)

프렌치 노트s
MK울사 117
(1가닥, 1회 감기)

프렌치 노트s
MK울사 117
(1가닥, 1회 감기)

백s 730(1)

프렌치 노트s
MK울사 116
(1가닥, 1회 감기)

스트레이트s
MK울사 115(1)

스트레이트s
MK울사 103(1)

체인s
MK울사 115 (2)

백s 730(2)

아우트라인s 730(2)

레이지 데이지s 730(2)

새틴s
MK울사 115(2)

리프s
MK울사 115(1)

새틴s
MK울사 115(1)

새틴s
MK울사 101(1)

안 : 프렌치 노트s MK울사 105
(1가닥, 1회 감기)

밖 : 프렌치 노트s
MK울사104(1가닥, 1회 감기)

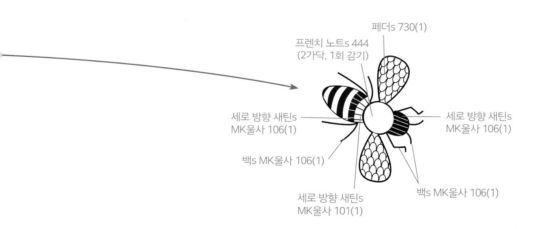

페더s 730(1)

프렌치 노트s 444
(2가닥, 1회 감기)

세로 방향 새틴s
MK울사 106(1)

세로 방향 새틴s
MK울사 106(1)

백s MK울사 106(1)

세로 방향 새틴s
MK울사 101(1)

백s MK울사 106(1)

미니백 만드는 법

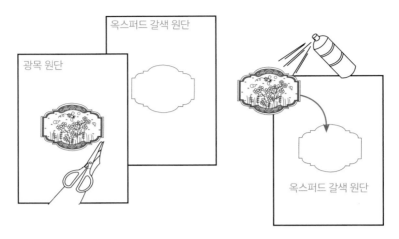

1. 광목 원단에 그린 도안을 자수로 완성한 후 가위로 테두리를 잘라주
세요. 잘라낸 자수 원단 뒷면에 스프레이 본드를 뿌린 후 옥스퍼드 원
단 위에 그려진 테두리 선에 맞춰서 붙여줍니다.

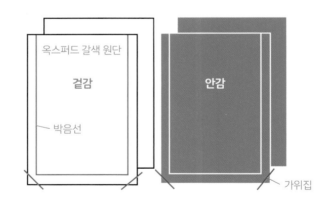

2. 옥스퍼드 원단에 붙인 겉감 앞 원단과 뒷면 원단을 서로 마주대고
박음선을 따라서 박음질한 후 모서리는 가위집을 내고 뒤집어주세요.
안감 2장은 박음질한 후 뒤집지 않습니다.

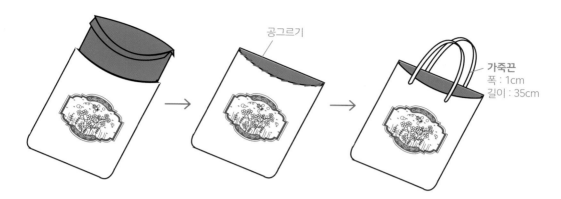

공그르기

가죽끈
폭 : 1cm
길이 : 35cm

3. 박음질이 끝난 안감은 뒤집어져 있는 겉감 속에 넣어줍니다. 원단의 입구 윗부분을 겉감은 안으로, 안감은 밖으로 2cm 접어 넣어주세요. 안감과 겉감을 잘 맞춘 후에 윗부분을 공그르기로 마무리합니다. 가죽 끈은 적당한 위치에 달아주세요.

154

닥터백 여행

가방 사이즈 : 가로 40cm, 세로 30cm, 핸들 높이 15cm
도안 사이즈 : 가로 29cm, 세로 21cm

How to make

사용한 원단
옥스퍼드

기타 재료
닥터백(완제품은 마마케이 스토어팜 https://smartstore.
naver.com/mamak에서 구매 가능), 접착심지, 스프레이
본드

사용한 실
DMC 25번사 : 167, 169, 221, 310, 352, 444, 470,
500, 581, 597, 598, 613, 642, 645, 646, 666, 725,
783, 791, 840, 869, 900, 905, 907, 989, 3031, 3705,
3731, 3733, 3750, 3761, 3779, 3799, 3826, 3842,
BLANC

사용한 스티치
롱 앤드 쇼트 스티치, 백 스티치, 버튼홀 스티치, 새틴
스티치, 스트레이트 스티치, 아웃트라인 스티치, 체인
스티치, 프렌치 노트 스티치, 휘프트 체인 스티치, 휠
스티치

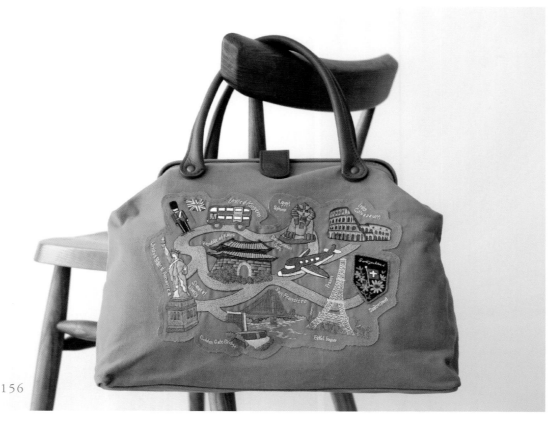

156

100% 도안 별지

• 사용한 실 명칭을 따로 표기하지 않은 실 번호는 DMC 25번사입니다.

• 도안 설명은 스티치 → 실 번호 → (실의 가닥 수)로 표기했습니다.
  예) 아우트라인s 801(2) : 801번 실 2가닥으로 아우트라인 스티치를 합니다.

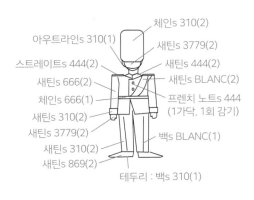

체인s 310(2)
아우트라인s 310(1)
새틴s 3779(2)
스트레이트s 444(2)
새틴s 444(2)
새틴s 666(2)
새틴s BLANC(2)
체인s 666(1)
프렌치 노트s 444
(1가닥, 1회 감기)
새틴s 310(2)
새틴s 3779(2)
새틴s 310(2)
백s BLANC(1)
새틴s 869(2)
테두리 : 백s 310(1)

프렌치 노트s 666(5가닥, 1회 감기)
아우트라인s 3750(1)
아우트라인s BLANC(1)
아우트라인s 666(1)
테두리 :
백s 310(1)
체인s 869(2)

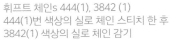

United Kingdom

휘프트 체인s 444(1), 3842 (1)
444(1)번 색상의 실로 체인 스티치 한 후
3842(1) 색상의 실로 체인 감기

새틴 BLANC(2)
아우트라인s 725(2)
새틴s 444(2)
테두리 : 백s 310(1)
백s 310(1)
새틴s 907(2)
새틴s 666(2)
아우트라인s 666(1)
버튼홀s 869(2)
새틴s 907(2)

수놓기 tip

- 모든 글씨 : 725번 색상의 실 2가닥으로 아우트라인 스티치를 합니다.
- 도로 : 370번 색상의 실 2가닥으로 아우트라인 스티치를 합니다.
- 도로 테두리 : 869번 색상의 실 1가닥으로 아우트라인 스티치를 합니다.

United States of America

Statue of Liberty

아우트라인s 725(2)
613
646
3799
백s(1)
646
613
646
613
646
전부 2줄 새틴s
646 아우트라인(2)
645 아우트라인(2)
646 체인(2)
900 새틴(2)
646 체인(2)
646 아우트라인(2)
645 아우트라인(2)
아우트라인s 725(2)
테두리 : 백s 3799 (1)

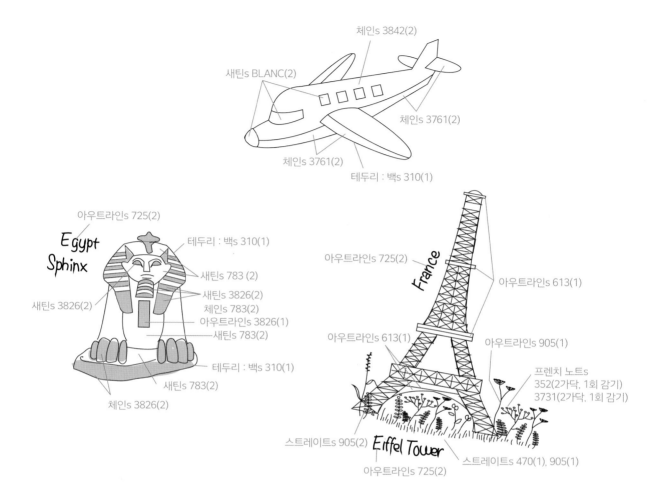

체인s 3842(2)

새틴s BLANC(2)

체인s 3761(2)

체인s 3761(2)

테두리 : 백s 310(1)

아우트라인s 725(2)

Egypt
Sphinx

테두리 : 백s 310(1)

새틴s 783 (2)

새틴s 3826(2)
체인s 783(2)
아우트라인s 3826(1)
새틴s 783(2)

새틴s 3826(2)

테두리 : 백s 310(1)

새틴s 783(2)

체인s 3826(2)

아우트라인s 725(2)

France

아우트라인s 613(1)

아우트라인s 905(1)

아우트라인s 613(1)

프렌치 노트s
352(2가닥, 1회 감기)
3731(2가닥, 1회 감기)

스트레이트s 905(2)

Eiffel Tower

스트레이트s 470(1), 905(1)

아우트라인s 725(2)

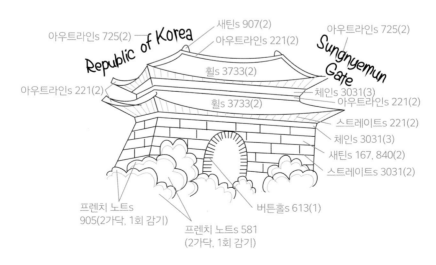

아우트라인s 725(2)

Republic of Korea

새틴s 907(2)

아우트라인s 221(2)

아우트라인s 725(2)

Sungnyemun
Gate

휠s 3733(2)

아우트라인s 221(2)

체인s 3031(3)
아우트라인s 221(2)

휠s 3733(2)

스트레이트s 221(2)

체인s 3031(3)

새틴s 167, 840(2)

스트레이트s 3031(2)

프렌치 노트s
905(2가닥, 1회 감기)

버튼홀s 613(1)

프렌치 노트s 581
(2가닥, 1회 감기)

스트레이트s 900(2)

체인s 900(2)

아우트라인s 900(1)

새틴s 645(2)

새틴s 613(2)

테두리 : 백s 3799(1)

아우트라인s 900(1)

백s 900(1)

새틴s 989(2)

아우트라인s 725(2)

새틴s 905(2)   테두리 : 백s 500(1)

San Francisco

아우트라인s 725(2)

905

체인s 900(2)

테두리 : 백s 500(1)

새틴s 989(2)

905

989

989

체인s 900(2)

새틴s 169(2)

새틴s 646 (2)

스트레이트s 597(1), 598(1), BLANC(1)

645

새틴s 646(2)

613 새틴s(2)

새틴s 645(2)

프렌치 노트s
905(2가닥, 1회 감기)
470(2가닥, 1회 감기)

Golden Gate Bridge

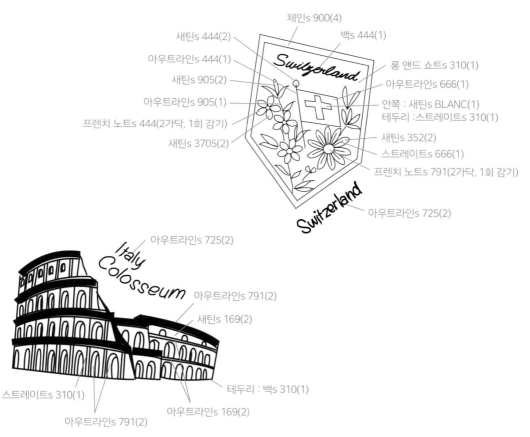

체인s 900(4)

새틴s 444(2)

백s 444(1)

아우트라인s 444(1)

롱 앤드 쇼트s 310(1)

새틴s 905(2)

아우트라인s 666(1)

아우트라인s 905(1)

Switzerland

안쪽 : 새틴s BLANC(1)
테두리 :스트레이트 310(1)

프렌치 노트s 444(2가닥, 1회 감기)

새틴s 352(2)

새틴s 3705(2)

스트레이트s 666(1)

프렌치 노트s 791(2가닥, 1회 감기)

Switzerland

아우트라인s 725(2)

아우트라인s 725(2)

Italy
Colosseum

아우트라인s 791(2)

새틴s 169(2)

스트레이트s 310(1)

테두리 : 백s 310(1)

아우트라인s 791(2)

아우트라인s 169(2)

◦ 백 만드는 법 ◦

접착 심지
접착 면

1. 완성된 자수 원단을 접착 심지 위에 올려놓고 다리미로 눌러 다려주세요.

2. 접착 심지를 붙인 후 자수가 놓인 도안 주변에 테두리를 그려주세요(도안으로부터 약 1cm 간격으로).

그 후 테두리를 따라 도안을 오려주세요.

3. 커다란 패치가 완성되었습니다. 이렇게 오려낸 도안 뒷면에 스프레이 본드를 살짝 뿌려준 다음 가방의 중앙에 붙여주세요.

러닝 스티치

4. 임시로 고정된 패치의 테두리를 러닝 스티치로 일정한 간격으로 수놓아 마무리합니다.

빈티지 플라워 손수건

손수건 사이즈 가로 35cm, 세로 35cm

How to make ───────────────

사용한 원단
린넨 손수건

사용한 실
DMC 25번사 : 598, 666, 731, 760, 781, 900, 3346,
3781, 3810, 3821, 3842, ECRU

사용한 스티치
레이지 데이지 스티치, 리프 스티치, 버튼홀 레이스 스
티치, 새틴 스티치, 스트레이트 스티치, 아웃라인 스
티치, 체인 스티치, 프렌치 노트 스티치

• 사용한 실 명칭을 따로 표기하지 않은 실 번호는 DMC 25번사입니다.

• 도안 설명은 스티치 → 실 번호 → (실의 가닥 수)로 표기했습니다.
  예) 아우트라인s 801(2) : 801번 실 2가닥으로 아우트라인 스티치를 합니다.

아우트라인s 731(2)
스트레이트s 731(2)
프렌치 노트s 666
(4가닥, 1회 감기)
새틴s 3821(2)
스트레이트s 781(1)
프렌치 노트s 666
(2가닥, 1회 감기)
스트레이트s 3781(1)
프렌치 노트s 3810
(2가닥, 1회 감기)
프렌치 노트s 598
(2가닥, 1회 감기)
새틴s 3821(2)
리프s 731(2)
스트레이트s 781(1)
스트레이트s ECRU(1)
체인 3810(2)
아우트라인s 3781(2)
프렌치 노트s ECRU
(2가닥, 1회 감기)
프렌치 노트s 3781
(2가닥, 1회 감기)
새틴s 900(2)
리프s 3346(2)
아우트라인s 3781(2)
레이지 데이지s 760(2)
프렌치 노트s 900
(2가닥, 1회 감기)
프렌치 노트s 3842
(2가닥, 1회 감기)
프렌치 노트s 731
(2가닥, 1회 감기)
새틴s 731(2)
스트레이트s 666(1)
스트레이트s ECRU (1)
새틴s 760(2)
새틴s 3842(2)
스트레이트s 900(1)
스트레이트s ECRU(1)
리프s 3346(2)
새틴s 598(2)
아우트라인s 3781(2)
프렌치 노트s 3821
(2가닥, 1회 감기)
버튼홀 레이스s 666(3)

Part 3

AROUND CHRISTMAS

크리스마스 오르골

캔버스 액자 사이즈 가로 15cm, 세로 20cm

How to make

사용한 원단
옥스퍼드(검은색, 하늘색)

기타 재료
크리스털, 비즈

사용한 실
DMC 25번사 : 224, 310, 610, 646, 801, 869, 895,
900, 987, 3809, ECRU

사용한 스티치
롱 앤드 쇼트 스티치, 백 스티치, 새틴 스티치, 스트레
이트 스티치, 아우트라인 스티치, 체인 스티치, 페더
스티치, 프렌치 노트 스티치

- 사용한 실 명칭을 따로 표기하지 않은 실 번호는 DMC 25번사입니다.
- 도안 설명은 스티치 → 실 번호 → (실의 가닥 수)로 표기했습니다.
  예) 아우트라인s 801(2) : 801번 실 2가닥으로 아우트라인 스티치를 합니다.

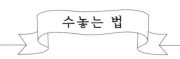
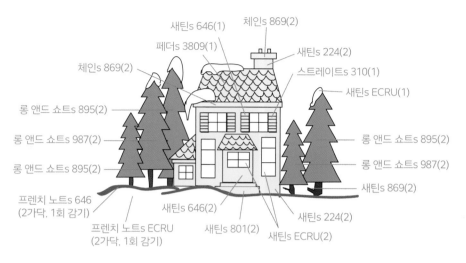

새틴s 646(1)

페더s 3809(1)

체인s 869(2)

롱 앤드 쇼트s 895(2)

롱 앤드 쇼트s 987(2)

롱 앤드 쇼트s 895(2)

프렌치 노트s 646
(2가닥, 1회 감기)

프렌치 노트s ECRU
(2가닥, 1회 감기)

새틴s 646(2)

새틴s 801(2)

새틴s 646(1)

체인s 869(2)

새틴s 224(2)

스트레이트s 310(1)

새틴s ECRU(1)

롱 앤드 쇼트s 895(2)

롱 앤드 쇼트s 987(2)

새틴s 869(2)

새틴s 224(2)

새틴s ECRU(2)

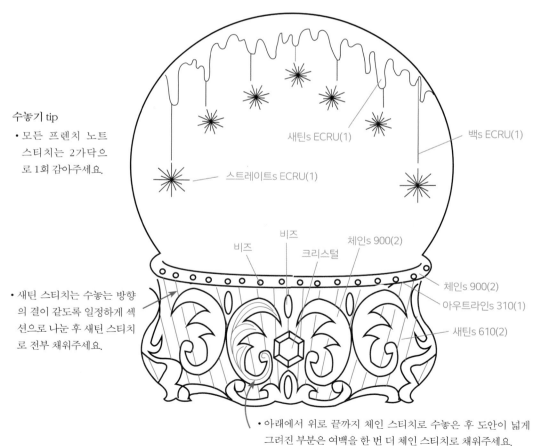

수놓기 tip

• 모든 프렌치 노트
  스티치는 2가닥으
  로 1회 감아주세요.

• 새틴 스티치는 수놓는 방향
  의 결이 같도록 일정하게 섹
  션으로 나눈 후 새틴 스티치
  로 전부 채워주세요.

새틴s ECRU(1)

백s ECRU(1)

스트레이트s ECRU(1)

비즈

비즈

크리스털

체인s 900(2)

체인s 900(2)

아웃라인s 310(1)

새틴s 610(2)

• 아래에서 위로 끝까지 체인 스티치로 수놓은 후 도안이 넓게
  그려진 부분은 여백을 한 번 더 체인 스티치로 채워주세요.

✎ 오르골 만드는 법 ✎

1. 검은색 원단과 하늘색 원단에 각각 먹지를 대고 도안을 그려 넣은 후 기법에 따라 수를 완성해줍니다(하늘색 원단에 오르골 윗부분인 유리 구 도안을, 검은색 원단에는 오르골 아래 부분을 그려주세요).

2. 하늘색 원단의 도안 테두리를 따라 가위로 오린 후 뒤집어서 뒷면에 본드를 칠해주세요(스프레이 본드는 30cm 이상 떨어져 분사해주고, 일반 본드는 면봉으로 뒷면에 발라주세요).

뒷면

아웃트라인s

3. 검은색 원단 위에 본드를 칠해 하늘색 원단을 붙여 고정한 후 원 테두리를 아웃트라인 스티치로 마무리합니다.

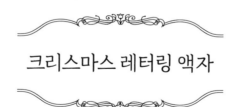

크리스마스 레터링 액자

캔버스 액자 사이즈 : 가로 15cm, 세로 20cm
도안 사이즈 : 가로 12cm, 세로 15cm

How to make ——————————————————

사용한 원단
옥스퍼드

기타 재료
큐빅(2mm) 10개, 금방울(0.8mm)

사용한 실
DMC 25번사 : 581, 869, 905, 3031, 3809, 3810, 3862, E3821

사용한 스티치
아우트라인 스티치, 새틴 스티치, 스트레이트 스티치, 체인 스티치

- 사용한 실 명칭을 따로 표기하지 않은 실 번호는 DMC 25번사입니다.
- 도안 설명은 스티치 → 실 번호 → (실의 가닥 수)로 표기했습니다.
  예) 아우트라인s 801(2) : 801번 실 2가닥으로 아우트라인 스티치를 합니다.

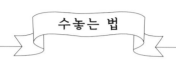

스트레이트s E3821(2)

새틴s 581(2)
레터링 아웃라인 테두리에
작게 수놓아주세요.

아웃라인s 905(2)+581(2)

원하는 위치에 큐빅을
고정시켜 주세요.

새틴s 3810(2)

체인s 869(2)

금색 방울을 달아주세요.

새틴s 3809(2)

새틴s 3810(2)

체인s 3862(2)

테두리 : 아웃라인s 3031(1)

수놓기 tip

잎이 풍성한 크리스마스트리를 원한다면 아웃라인 스티치로 레터링한 후 581 색상의
실 2가닥으로 새틴 스티치를 군데군데 더 많이 넣어주세요. 단, 잎사귀 크기를 너무 크게
하면 레터링을 알아보는 데 방해가 되기 때문에 일정한 크기로 수놓아주세요.

크리스마스 캔버스 액자

캔버스 액자 사이즈 가로 30cm, 세로 20cm

How to make

사용한 원단

광목

기타 재료

금방울(8mm), 금색 납작 체인(1~2mm), 빨간색 비즈
(1~2mm), LED 와이어 전구 2m, 망사, OHP 필름, 패
브릭 마카(갈색), 스프레이 본드

사용한 실

DMC 25번사 : 304, 352, 469, 550, 610, 613, 645,
666, 747, 801, 807, 869, 900, 905, 930, 987, 3031,
3032, 3078, 3721, 3777, 3781, 3810, 3821, ECRU

사용한 스티치

러닝 스티치, 레이즈드 스템 스티치, 롱 앤드 스티치,
리프 스티치, 백 스티치, 버튼홀 레이스 스티치, 불리
온 스티치, 새틴 스티치, 스트레이트 스티치, 아우트라
인 스티치, 체인 스티치, 케이블 체인 스티치, 프렌치
노트 스티치, 휠 스티치

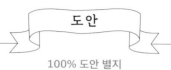

• 사용한 실 명칭을 따로 표기하지 않은 실 번호는 DMC 25번사입니다.
• 도안 설명은 스티치 → 실 번호 → (실의 가닥 수)로 표기했습니다.
  예) 아웃라인s 801(2) : 801번 실 2가닥으로 아웃라인 스티치를 합니다.

∽ 의자 등받이 수놓기 ∾

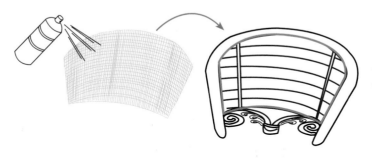

1. 의자의 빨간색 테두리 선에 맞춰 망사를 오려주세요. 오려낸 망사 뒷면에 스프레이 본드를 살짝 분사한 후, 빨간색 테두리 선에 맞춰 붙여주세요.

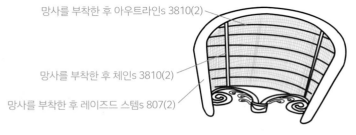

망사를 부착한 후 아우트라인s 3810(2)

망사를 부착한 후 체인s 3810(2)

망사를 부착한 후 레이즈드 스템s 807(2)

2. 그 위에 수를 놓아 완성합니다.

∽ 스웨터 수놓기 ∾

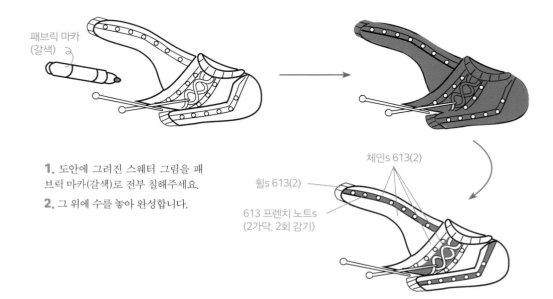

패브릭 마카
(갈색)

1. 도안에 그려진 스웨터 그림을 패브릭 마카(갈색)로 전부 칠해주세요.
2. 그 위에 수를 놓아 완성합니다.

체인s 613(2)

휠s 613(2)

613 프렌치 노트s
(2가닥, 2회 감기)

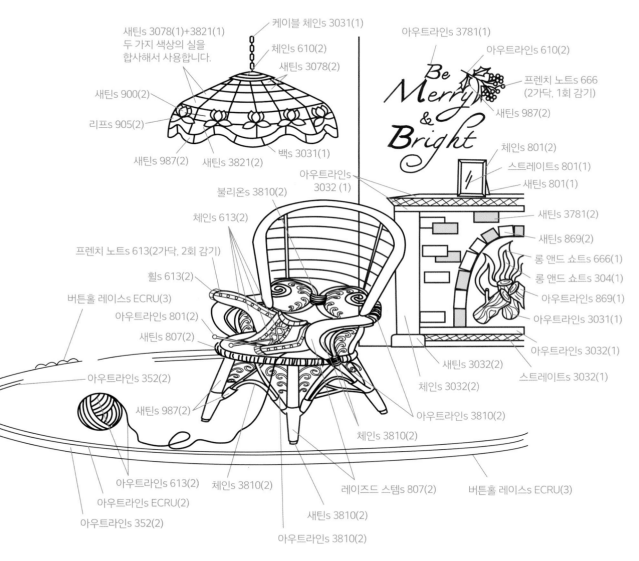

새틴s 3078(1)+3821(1)
두 가지 색상의 실을
합사해서 사용합니다.

케이블 체인s 3031(1)

체인s 610(2)

새틴s 3078(2)

새틴s 900(2)

리프s 905(2)

새틴s 987(2)

새틴s 3821(2)

백 3031(1)

아우트라인s 3781(1)

아우트라인s 610(2)

프렌치 노트s 666
(2가닥, 1회 감기)

새틴s 987(2)

체인s 801(2)

스트레이트s 801(1)

새틴s 801(1)

새틴s 3781(2)

새틴s 869(2)

롱 앤드 쇼트s 666(1)

롱 앤드 쇼트s 304(1)

아우트라인s 869(1)

아우트라인s 3031(1)

아우트라인s 3032(1)

스트레이트s 3032(1)

아우트라인s
3032 (1)

불리온s 3810(2)

체인s 613(2)

프렌치 노트s 613(2가닥, 2회 감기)

휠s 613(2)

버튼홀 레이스s ECRU(3)

아우트라인s 801(2)

새틴s 807(2)

아우트라인s 352(2)

새틴s 987(2)

새틴s 3032(2)

체인s 3032(2)

아우트라인s 3810(2)

체인s 3810(2)

아우트라인s 613(2)

아우트라인s ECRU(2)

아우트라인 352(2)

체인 3810(2)

새틴s 3810(2)

아우트라인s 3810(2)

레이즈드 스템s 807(2)

버튼홀 레이스s ECRU(3)

수놓기 tip

- 모든 테두리 : 310번 색상의 실 1가닥으로 아우트라인 스티치를 합니다.
- 의자를 수놓기 전에 배경이 되는 뒤쪽 벽난로의 벽면을 310번 색상의 실 1가닥으로 백 스티치로 먼저 수놓아주세요. 그 위에 의자 망사를 덮어 자수를 완성해주세요.

벽면 아플리케하기

1. 도안에서 커튼이 달린 벽면(빨간색 테두리)의 본을 떠서 시접을 포함한 원단을 잘라주세요(OHP 필름 사용).

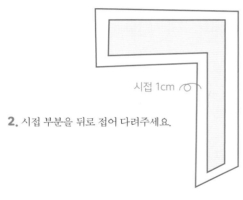

시접 1cm

2. 시접 부분을 뒤로 접어 다려주세요.

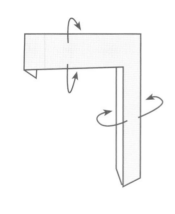

3. 다림질한 원단을 도안 원단에 그대로 올려놓은 후 아플리케로 마무리합니다.

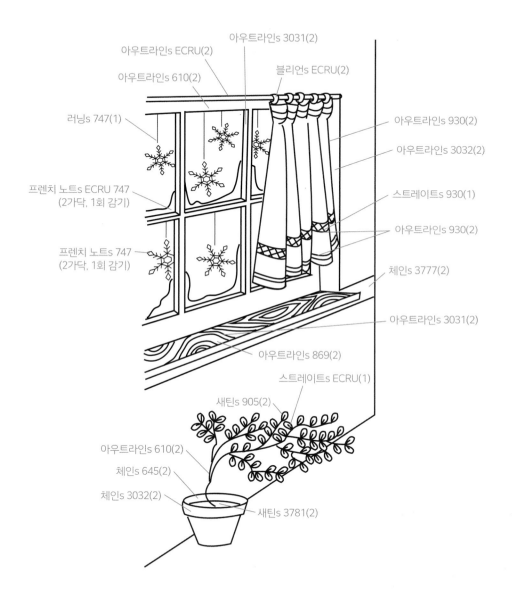

아우트라인s 3031(2)

아우트라인s ECRU(2)

블리언s ECRU(2)

아우트라인s 610(2)

러닝s 747(1)

아우트라인s 930(2)

아우트라인s 3032(2)

프렌치 노트s ECRU 747
(2가닥, 1회 감기)

스트레이트s 930(1)

아우트라인s 930(2)

프렌치 노트s 747
(2가닥, 1회 감기)

체인s 3777(2)

아우트라인s 3031(2)

아우트라인s 869(2)

스트레이트s ECRU(1)

새틴s 905(2)

아우트라인s 610(2)

체인s 645(2)

체인s 3032(2)

새틴s 3781(2)

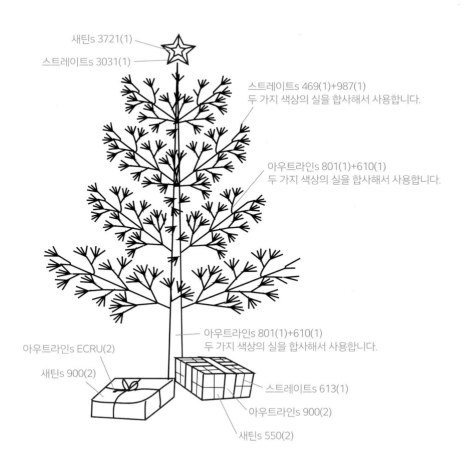

새틴s 3721(1)

스트레이트s 3031(1)

스트레이트s 469(1)+987(1)
두 가지 색상의 실을 합사해서 사용합니다.

아우트라인s 801(1)+610(1)
두 가지 색상의 실을 합사해서 사용합니다.

아우트라인s 801(1)+610(1)
두 가지 색상의 실을 합사해서 사용합니다.

아우트라인s ECRU(2)

새틴s 900(2)

스트레이트s 613(1)

아우트라인s 900(2)

새틴s 550(2)

❦ 트리 장식 ❧

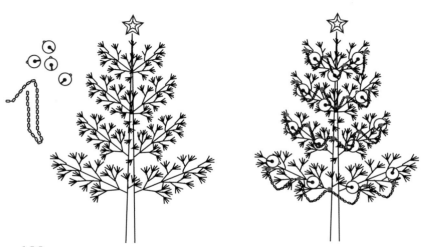

1. 준비된 금색 체인과 방울을 일정한 간격으로 완성된 자수 트리 위에 장식해주세요.

2. 체인을 트리 위에 물결 모양으로 고정한 후, 고정된 부분에 빨간색 비즈를 하나씩 달아주세요.

190

♤ 전구 달기 ♤

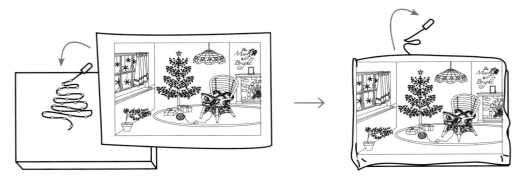

1. 크리스마스트리 자수가 위치할 캔버스 액자 위에 LED 와이어 전구 2m를 붙여 고정합니다.

2. 배터리가 달린 버튼은 액자 뒤로 넘겨 고정해주세요.

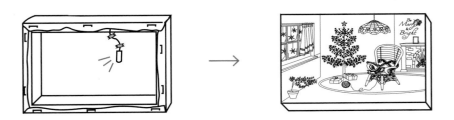

3. 전구를 켤 때마다 크리스마스트리에 은은하게 불이 들어옵니다.

노엘 손수건

린넨 손수건 사이즈 가로 35cm, 세로 35cm

How to make ────────────

사용한 원단
린넨

사용한 실
DMC 25번사 : 581, 598, 666, 801, 891, 900, 906,
3371, 3779, 3862, ECRU

사용한 스티치
리프 스티치, 새틴 스티치, 스트레이트 스티치, 아웃
라인 스티치, 체인 스티치, 프렌치 노트 스티치

• 사용한 실 명칭을 따로 표기하지 않은 실 번호는 DMC 25번사입니다.
• 도안 설명은 스티치 → 실 번호 → (실의 가닥 수)로 표기했습니다.
  예) 아웃라인s 801(2) : 801번 실 2가닥으로 아웃라인 스티치를 합니다.

리프s 581(2), 906(2)

테두리 : 아우트라인s 3371(1)

새틴s ECRU(2)

아우트라인s 598(1)

체인s 900(2)

새틴s 666(2)

테두리 : 아우트라인s 3371(1)

스트레이트s ECRU(1)

체인s 666(2)

스트레이트s ECRU(2)

체인s 666(2)

체인 801(2)

새틴s 801(2)

프렌치 노트s 3371
(2가닥, 2회 감기)

테두리 : 아우트라인s 3371(1)

체인s 3862(2)

새틴s 666(2)

새틴s 598(2)

프렌치 노트s 3371(2가닥, 1회 감기)

테두리 : 아우트라인s 3371(1)

아우트라인s 3862(1)

새틴s 906(2)

프렌치 노트s 891(2가닥, 1회 감기)

체인s ECRU(2)

새틴s 3779(2)

프렌치 노트s 3371(2가닥, 1회 감기)

아우트라인s ECRU(1)

수놓는 방향

테두리 : 아우트라인s 3371(1)

아우트라인s 3862(1)

아우트라인s ECRU(1)

마마케이 스타일
빈티지 자수

초판 1쇄 발행 2019년 2월 25일
초판 2쇄 발행 2019년 3월 30일

지은이 강문숙
펴낸이 이지은
펴낸곳 팜파스
기획 · 진행 이진아
편집 정은아
스타일링 · 사진 조아라
디자인 박진희
마케팅 정우룡, 김서희
인쇄 케이피알커뮤니케이션

출판등록 2002년 12월 30일 제10-2536호
주소 서울시 마포구 어울마당로5길 18 팜파스빌딩 2층
대표전화 02-335-3681　　　**팩스** 02-335-3743
홈페이지 www.pampasbook.com ｜ blog.naver.com/pampasbook
페이스북 www.facebook.com/pampasbook2018
인스타그램 www.instagram.com/pampasbook
이메일 pampas@pampasbook.com

값 16,800원
ISBN 979-11-7026-236-7 13590

이 도서의 국립중앙도서관 출판예정도서목록(CIP)은 서지정보유통지원시스템 홈페이지
(http://seoji.nl.go.kr)와 국가자료공동목록시스템(http://www.nl.go.kr/kolisnet)에서
이용하실 수 있습니다.(CIP제어번호: CIP2019004240)